JN039031

土木・環境系コアテキストシリーズ B-4

鋼構造学（改訂版）

舘石 和雄

著

▼

コロナ社

　このたび，新たに土木・環境系の教科書シリーズを刊行することになった。
シリーズ名称は，必要不可欠な内容を含む標準的な大学の教科書作りを目指す
との編集方針を表現する意図で「土木・環境系コアテキストシリーズ」とし
た。本シリーズの読者対象は，我が国の大学の学部生レベルを想定している
が，高等専門学校における土木・環境系の専門教育にも使用していただけるも
のとなっている。

　本シリーズは，日本技術者教育認定機構（JABEE）の土木・環境系の認定
基準を参考にして以下の6分野で構成され，学部教育カリキュラムを構成して
いる科目をほぼ網羅できるように全29巻の刊行を予定している。

　　　　A 分野：共通・基礎科目分野

　　　　B 分野：土木材料・構造工学分野

　　　　C 分野：地盤工学分野

　　　　D 分野：水工・水理学分野

　　　　E 分野：土木計画学・交通工学分野

　　　　F 分野：環境システム分野

　なお，今後，土木・環境分野の技術や教育体系の変化に伴うご要望などに応
えて書目を追加する場合もある。

　また，各教科書の構成内容および分量は，JABEE 認定基準に沿って半期2
単位，15週間の90分授業を想定し，自己学習支援のための演習問題も各章に
配置している。

　従来の土木系教科書シリーズの教科書構成と比較すると，本シリーズは，A

分野（共通・基礎科目分野）に JABEE 認定基準にある技術者倫理や国際人英語等を加えて共通・基礎科目分野を充実させ，B分野（土木材料・構造工学分野），C分野（地盤工学分野），D分野（水工・水理学分野）の主要力学3分野の最近の学問的進展を反映させるとともに，地球環境時代に対応するためE分野（土木計画学・交通工学分野）およびF分野（環境システム分野）においては，社会システムも含めたシステム関連の新分野を大幅に充実させているのが特徴である。

　科学技術分野の学問内容は，時代とともにつねに深化と拡大を遂げる。その深化と拡大する内容を，社会的要請を反映しつつ高等教育機関において一定期間内で効率的に教授するには，周期的に教育項目の取捨選択と教育順序の再構成，教育手法の改革が必要となり，それを可能とする良い教科書作りが必要となる。とは言え，教科書内容が短期間で変更を繰り返すことも教育現場を混乱させ望ましくはない。そこで本シリーズでは，各巻の基本となる内容はしっかりと押さえたうえで，将来的な方向性も見据えた執筆・編集方針とし，時流にあわせた発行を継続するため，教育・研究の第一線で現在活躍している新進気鋭の比較的若い先生方を執筆者としておもに選び，執筆をお願いしている。

　「土木・環境系コアテキストシリーズ」が，多くの土木・環境系の学科で採用され，将来の社会基盤整備や環境にかかわる有為な人材育成に貢献できることを編集者一同願っている。

　2011 年 2 月

編集委員長　日下部 治

　鋼構造物はコンクリート構造物や土構造物などと並んで，土木構造物の代表である。鋼構造はその軽量さから，大きく，軽やかで，優美な構造物を数多く生み出してきた。日本やアメリカなどの製鋼先進国に加え，世界各国で粗鋼生産量が拡大する中で，鋼構造が必要とされる場面は国内外を問わずこれからも数多くあるものと考えられる。

　鋼，あるいは鋼構造は，品質が安定しており，かつ，それが時間を経ても変化しないことが大きな特徴である。また，万が一不具合が生じても，悪い箇所を取り去って新しくするといった外科的な対処が可能である。そのため，維持管理をしっかりしておけば，鋼構造物の寿命は非常に長いものが期待できるし，過去の鋼構造物がそれを証明している。

　鋼構造に限った話ではないが，最近，土木構造物の設計法は変革期にある。そのような中で，2007年度には土木学会から初めて『鋼・合成構造標準示方書』が発刊された。これは，土木学会での長年にわたる鋼構造分野の学術研究成果の集大成である。これを機に，本書では，この『鋼・合成構造標準示方書』を特に意識して記述することとした。同示方書では，従来用いられてきた許容応力度設計法に代わり，部分係数を用いた性能照査型の設計法が採用されている。そのため，本書においても許容応力度設計法に関する記述は最小限に留め，部分係数設計法による照査法について詳しく解説している。また，耐荷力，疲労，腐食などの各項目の説明を，特定の事項に重点を置くことなく，バランス良く記述するよう心がけた。著者の得手不得手もあり，必ずしも最良のバランスに仕上がっている自信はないが，最小限の知識を満遍なく解説することに注力し

たつもりである。

　本来は，設計とは別の次元で，鋼構造に関する普遍的な知識について解説するのが教科書の姿であるのかもしれない。その一方で，工学知識の最終的な活用の場は設計であり，設計について知ることで，実社会とのつながりや専門家としての意識が芽生えるという面もある。特に，学生には，設計実務の一端を知ることで，土木技術者としての自信と，鋼構造への興味を持ってもらえるのではないかと考えた。そのため，本書では設計手法についてもかなりのページを割いて説明している。どこまで設計技術に踏み込むかに悩みながらの執筆となったため，こちらのほうのバランスについても，いささか心もとないところがある。いろいろとご批判いただければ幸いである。

　最後になりますが，本書の執筆の機会を与えていただいた早稲田大学の依田照彦教授に深く感謝申し上げます。また，三井造船株式会社の内田大介博士には情報収集にご協力いただきました。名古屋大学の判治 剛准教授と研究室の学生には校正をお手伝いいただきました。株式会社コロナ社の皆様には，多くのご助言と励ましをいただきました。ここに記して感謝いたします。

　2011 年 8 月

舘石 和雄

改訂にあたって

　本書の初版の発刊から 9 年が経過した。この間，2017 年に道路橋示方書の設計法が刷新され，長い伝統のある許容応力度設計法から，部分係数法に基づく限界状態設計法へと切替えられた。これを受け，今回の改訂にあたっては，許容応力度設計法に関する具体的記述を削除し，新たに規定された道路橋示方書の設計式について解説を加えた。また，新鋼材の導入やボルト継手の設計法の変更など，最新動向を反映させた改訂を行っている。

　ひき続き，学生諸氏の鋼構造学の学習のために本書が役立てば幸いである。

　2020 年 8 月

舘石 和雄

8 章　組み合わせ外力を受ける部材の設計

9 章　溶　接　継　手

1章 鋼構造物概論

◆本章のテーマ

　鋼および鋼構造物の特徴を，コンクリートをはじめとする他の材料と比較しながら述べる。また，鋼橋を対象にしてその歴史的変遷の概要を説明し，最後に代表的な土木鋼構造物について簡単に紹介する。土木鋼構造物の大まかなイメージをつかんでもらうことが本章の目的である。

◆本章の構成（キーワード）

1.1　鋼の特徴
　　　強度，重量，耐久性，加工性
1.2　鋼構造部材の構成
　　　薄肉断面，補剛材
1.3　鋼構造物の歴史 ── 橋を中心として
　　　材料の変遷，長大橋，ライフサイクルコスト
1.4　土木分野における鋼構造物
　　　鋼橋，水門，海洋構造物，水圧鉄管，鉄塔

◆本章を学ぶと以下の内容をマスターできます

☞　鋼の特徴
☞　鋼部材の特徴
☞　鋼橋の歴史
☞　土木鋼構造物の種類

1.1 鋼 の 特 徴

　鉄（Fe, iron）に 0.3 〜 2 % 程度の少量の炭素（C）が含まれた合金を**炭素鋼**（carbon steel）または**鋼**（steel）と呼ぶ。鋼はきわめて身近な構造材料であり，土木，建築，船舶，プラント，自動車をはじめとするさまざまな分野で，大量かつ広範囲に使用されている。また，鋼でできた部材によって構成された構造物を**鋼構造物**（steel structure）という。鋼構造物のうち，土木分野で用いられるものを土木鋼構造物と呼ぶこととする。

　土木構造物は大規模であるため，それに用いる材料は，力学的な性能が高いことに加えて，大量にかつ容易に入手できることが求められる。また，使用期間が長いため，長期にわたって品質が安定していることも重要である。価格が安いほうが望ましいことはいうまでもない。鋼はこれらの条件を満たす材料の一つであり，土木構造物では，コンクリートと並んで使用量が多い。

　強度と重量との比を比強度といい，鋼はコンクリートに比べ，比強度が大きいことが特徴である。もちろん，アルミニウムやチタンなどの金属材料や CFRP などのプラスチック系材料など，鋼よりも比強度が高い材料は数多く存在するが，価格，供給性，力学性能などの観点から，土木構造物に一般的に用いられるには至っていない。鋼部材はコンクリート部材よりも比強度が高いため，同じ強度を得るために必要な材料が少なくてすみ，軽量な構造物を作ることができる。そのため，自重が支配的となる長大構造物，耐震性が要求される構造物，軟弱地盤上の構造物などにとって鋼部材は有利である。また，部材の大きさが制約を受ける場合に鋼部材が選択されることも多い。

　鋼は伸び能力に富んだ材料であり，通常の環境で使われる限り，破断するまでに非常に大きな伸びを期待することができる。例えば不慮の要因によって構造物に過大な外力が作用した場合，部材が伸びたり曲がったりして機能上の支障が生じることはあっても，荷重の再分配によって構造物全体の急激な崩壊は免れることができる。これは鋼構造の非常に大きな利点である。

　品質が安定しており，均質であることも大きな特徴である。また，切断，孔

あけや曲面加工が可能で，接合も比較的容易であるため，施工性に優れるとともに，設計の自由度が大きい。材料のリサイクル性が高いことも大きな利点である。

一方で，コンクリートと比較すると価格が高い。また，鋼材そのものの特性は時間が経っても不変であるが，腐食が生じて断面が減少すると安全性などを損なうことがあるため，腐食への対策が必要である。

1.2 鋼構造部材の構成

図 **1.1** に代表的な鋼部材の例を示す。図 (a) は I 桁の例であり，曲げを受ける部材に用いられる。上下の水平の板を**フランジ**（flange）といい，それをつなぐ垂直の板を**ウェブ**（web）または腹板という。フランジは主として曲げに，ウェブは主としてせん断に抵抗する板である。いずれも比較的薄い鋼板が用いられ，鋼部材の断面はそれを集成することによって構成されるのが特徴である。これを薄肉断面，薄肉構造などという。薄肉であるため，図 (a) に示すウェブのように，垂直補剛材や水平補剛材によって板を補剛する必要が生じる場合が多い。

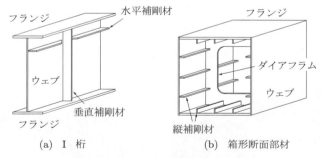

(a) I 桁 (b) 箱形断面部材

図 1.1 代表的な鋼部材の構成

図 (b) は箱形断面部材の例であり，桁などの曲げ部材や柱などの圧縮部材に用いられる。この場合にもウェブやフランジには必要に応じて補剛材が配置される

ほか，ねじり剛性の確保などの目的で，一定の間隔で**ダイアフラム**（diaphragm，隔壁）が設けられる。

　鋼部材は薄肉構造であるがために，重量を軽くすることができる。また，不具合が生じた箇所を部分的に交換したり，補強部材を追加することなども可能であり，補修・補強工法の自由度が高い。一方で，薄肉構造であるがゆえの注意点もある。薄板は面外方向への剛性が小さいため，座屈に対して十分な配慮が必要である。また，面外方向への変形や振動が大きい場合，応力集中によって疲労損傷が生じたり，騒音（低周波騒音も含む）が発生したりすることがあるので，注意が必要である。

1.3 　鋼構造物の歴史 ── 橋を中心として

　橋に用いられる鉄製の材料は，鋳鉄から錬鉄を経て，19 世紀後半から鋼に移行してきた。

　世界で最初の鉄製の橋は，1779 年に完成したイギリスの Coalbrookdale にある橋（アイアンブリッジ）であるとされている（**図 1.2**）。鋼よりも炭素含有量の多い鋳鉄で製造された支間約 30 m のアーチ橋である。その後，炭素含有量の少ない錬鉄が製造されるようになり，リベットを用いて錬鉄橋が架けられるようになった。19 世紀中頃になると，ベッセマー法，トーマス法など，現代の製鋼技術につながる技術が開発され，鋼の大量生産が可能となった。1874 年に

図 1.2　Coalbrookdale 橋　　　　　図 1.3　ブルックリン橋

は鋼を用いた最初の大規模橋であるイーズ橋がアメリカで完成したのをはじめ，1883 年のアメリカのブルックリン橋（**図 1.3**），1890 年のイギリスのフォース鉄道橋（**図 1.4**）など，鋼を用いて次々と大規模橋梁が建設されるようになった。

わが国の鉄製の橋で最古のものは，1868 年（明治元年）の長崎のくろがね橋である。支間 21.8 m の錬鉄製の桁橋であったとされるが，現存していない。当時は材料や部材自体を欧米から輸入し，技術者も外国人に頼っていた。初めて国産の鉄材を使用して架けられたのは，東京の弾正橋である（1878 年）。この橋は富岡八幡宮脇に移設して保存され，八幡橋と呼ばれている（**図 1.5**）。わが国で初めて本格的に鋼が用いられたのは，天竜川橋梁（1888 年，東海道本線）であるといわれている。この橋は現存しないが，その一部が 1917 年に移設され，箱根登山鉄道の早川橋梁として現在も使用されている。

図 1.4　フォース鉄道橋

図 1.5　八　幡　橋

その後，材料，技師ともに，徐々に国内でまかなわれるようになっていき，1923 年に発生した関東大地震の復興事業の際には，それまでに培ってきた技術の蓄積が存分に花開くこととなった。隅田川に架かる永代橋（1926 年，**図 1.6**），清洲橋（1928 年，**図 1.7**）などの名橋は，その際に架設されたものであり，マンガンを含んだ高張力鋼が使用されている。

第二次世界大戦を経て，1960 年頃からは，高度経済成長とともに橋の建設数も急増し，設計，製作，架設の技術が進歩した。従来の鋼よりも高強度の鋼材が求められるようになり，1964 年には 500 N/mm^2，1967 年には 600 N/mm^2 クラスの鋼材が道路橋示方書に取り入れられた。接合方法としてリベットに代

図 1.6　永 代 橋

図 1.7　清 洲 橋

わって高力ボルトが用いられるようになり，また，溶接が本格的に使われるようになった。これらにより，箱桁，鋼床版などの新しい構造形式が実用化し，トラス橋やアーチ橋においては長支間化が実現した。

　当時は鋼材の使用量を抑えたほうが経済的であったため，図 1.8 に示すように，必要最小限の材片と部材とを組み合わせることで，できるだけ鋼重を最小化する構造形態が模索された。その結果，比較的剛性の低い鋼橋が建設されることとなり，これはのちに交通量や荷重の増大により疲労損傷が顕在化することになった遠因である。

　橋梁に耐候性鋼材が使われ始めたのもこの年代であり，1967 年には耐候性鋼を使用した本格的な無塗装橋梁として，村中小橋，知多 2 号橋（ともに愛知県）が架設された。

　1974 年の港大橋（大阪府）には，わが国で初めて 800 N/mm^2 クラスの高張力鋼が本格的に使用され，その後の本州四国連絡橋建設への足がかりとなった。

図 1.8　1960 年代の代表的な鋼橋

図 1.9　明石海峡大橋

本州四国連絡橋プロジェクトでは，1979 年の大三島橋から 1999 年の新尾道大橋，多々羅大橋，来島海峡大橋まで，数多くの長大橋が建設された。中でも明石海峡大橋（1998 年，**図 1.9**）は 1991 m の支間長（2011 年現在，世界最長）を誇る吊橋であり，新たに開発された予熱低減型 800 N/mm^2 鋼や 1800 N/mm^2 クラスのワイヤケーブルが用いられた。

1990 年頃からは，経済性や維持管理性の観点から，従来の鋼重最小の考え方に代わり，加工数をできるだけ減らすという考え方が徐々に取り入れられるようになった。そのため，多数の板材や部材を接合する構造よりも，比較的厚い板を用いて少ない部材数，材片数とした構造が指向されるようになった。1995 年のホロナイ川橋（北海道，**図 1.10**）はその象徴である。また，1990 年代後半頃からは，建設時のコストに加えて，維持管理費や更新費も含めた**ライフサイクルコスト**（life cycle cost，**LCC**）によって，構造物の経済性が検討されるようになっている。

図 1.10 ホロナイ川橋

1.4 土木分野における鋼構造物

1.4.1 橋 梁（鋼 橋）

橋梁については前節で詳しく紹介した。桁橋，トラス橋，アーチ橋，ラーメン橋，斜張橋や吊橋など，さまざまな形式があるが，すべてに鋼構造が適用可能である。同じ形式の橋梁であれば，コンクリート橋と比較して鋼橋のほうが長支間の橋ができる。

　橋梁は，桁などの上部工と，橋脚や橋台などの下部工に分けられる。鋼構造が用いられるのはおもに上部工であり，下部工にはコンクリート構造が用いられることが多いが，都市内高速道路などで条件の厳しい箇所では，橋脚にも鋼構造が用いられる。

　車両などが載る路面に用いられる部材を床版といい，これには鉄筋コンクリートやプレストレストコンクリートなどのコンクリート系床版，鋼製の鋼床版，鋼とコンクリートの合成床版などがある。コンクリート系床版を用いた場合でも，それを支える桁などの主構造が鋼部材の場合には，鋼構造物として分類される。

1.4.2　河川・海洋構造物

　河川に用いられる鋼構造物に水門がある（**図 1.11**）。水門は水量調整や防潮を目的として，河川の流れを妨げるように河道内に設けられる設備である。水をせき止めるための扉体や，それを支える支持枠に鋼部材が用いられる。扉体は開閉が容易になるよう，重量を軽くする必要があることから，鋼板を骨組みで補強した構造となっている。つねに水に接することや，開門時に水と一緒に流れ出す土砂によって扉体の表面が削られることなどから，扉体の防食には特に留意する必要がある。

図 1.11　水　　　門

図 1.12　石油掘削リグ
（三井造船株式会社 提供）

　海洋構造物は石油やガスなどの海底資源の開発，生産に利用される構造物であり，プラットフォームや掘削リグなどがある（**図 1.12**）。500 m を超えるような大型構造物も建造されている。

　海洋構造物には，海底から直接支持される着定式と，浮遊式がある。着定式の構造物は，ジャケットと呼ばれる鋼管トラス部材を海底から積み上げることによって構築する。浮遊式構造物は，造船所などで製作したのちに曳航し，あらかじめ設置しておいた係留システムに接続する。大深度で係留システムが設置できない場合には，多方向の動力システムによって構造物の位置制御を行うこともある。海洋構造物は波浪による繰返し外力を受けるため，疲労に対して注意が必要である。また，氷海中など低温環境下での使用となることも多く，鋼材のじん性に対して留意が必要である。

　洋上に人工地盤を構築することを目的とした大規模な浮体構造物は，メガフロートと呼ばれる。浮体ブロックを大量に生産し，現場へ曳航したのち，洋上で連結することにより，所定の大きさの構造物とする。空港や防災拠点としての利用が期待されている。

1.4.3　電 力 施 設

　水力発電所において，貯水施設から発電機へ水を落下させるための導水管を水圧鉄管（ペンストック）という（**図 1.13**）。水圧鉄管には静水圧，水撃圧，サー

図 1.13　水圧鉄管と送電鉄塔

ジング（水槽水位の昇降現象）などによって管周方向に非常に大きな力が生じ
るため，高強度の鋼管が必要となる。また，工場で製作した短い鋼管を現地で
溶接する必要があるため，鋼管が溶接に適していることも必要である。これら
のニーズにより，溶接に適した極厚高張力鋼の開発が進められ，先駆的に水圧
鉄管に利用されてきた。本州四国連絡橋で本格的に用いられた高強度鋼も，水
圧鉄管用に開発された材料が基になっている。現在では，板厚 200 mm を超え
る 800 N/mm^2 クラスの高強度鋼が実用化されている。

　また，送電線を支持するために用いられる鉄塔も，鋼構造物の一つである。山
形鋼や鋼管などを用いた立体トラス構造が一般的である。山間などのアクセス
が不便なところに構築されることも多いため，運搬や組立てが容易な構造が用
いられる。また，維持管理の負担を軽減するため，亜鉛メッキなどの防錆処理
が施される。

　最近数多く目にするようになった風力発電用設備にも鋼構造が用いられる。
風車を支える支柱には，繰り返し変動する外力が作用するため，疲労に対して
注意が必要である。また，支柱の上端に風車が設置されるトップヘビーの構造
であるため，地震時の安全性の確保も重要である。

演 習 問 題

〔**1.1**〕 鋼，アルミニウム，チタン，コンクリート，CFRP の比強度を調べよ。
〔**1.2**〕 鋼橋の設計の指向が，鋼重最小から工数最小へと変化した理由を考えよ。
〔**1.3**〕 本州四国連絡橋の架橋プロジェクトで新たに開発された技術を調べよ。

2章 鋼構造物の設計法

◆本章のテーマ

　構造物の設計の基本的な考え方と設計法の種類について述べる。ここでいう設計とは，いわゆる構造設計の意味であり，構造物や構造部材が所定の性能を満足するように，材料，形状，寸法などを決定することを指す。ここでは鋼構造物を念頭に置いて説明するが，本章の内容の多くは，鋼以外の構造物の設計にも共通するものである。

◆本章の構成（キーワード）

2.1　設計の基本
　　　　作用，荷重，限界値，応答値，安全係数
2.2　照査式のフォーマット
　　　　荷重係数，抵抗係数
2.3　おもな設計法
　　　　許容応力度設計法，限界状態設計法，部分係数設計法，性能照査型設計法
2.4　設計基準

◆本章を学ぶと以下の内容をマスターできます

☞　設計に用いられる用語の意味
☞　設計照査の方法
☞　設計法の種類
☞　設計基準の位置付け

2.1 　設 計 の 基 本

　構造物や部材に応力，変形の増加，材料特性の経時変化をもたらすすべての働きのことを**作用**（action）といい，そのうち力としてモデル化できるものを**荷重**（load）という。作用には，荷重のほかにコンクリートのクリープや乾燥収縮，鋼材の腐食の原因となる塩分の飛来などがある。ここでは作用として荷重を取り上げ，それを受けた構造部材を例に基本的な考え方を説明しよう。

　構造部材が荷重を受けると，それにより断面力や応力が発生する。このように，作用によって構造物や部材に発生する物理量を**応答値**（response）と呼ぶ。

　一方，構造物や部材の安全性や機能が損なわれた状態を**限界状態**（limit state）といい，限界状態が生じる条件を数値的に表した場合の限界の値を限界値（または抵抗値）という。例えば，部材の破断が一つの限界状態であり，部材の破断強度が限界値である。どのような限界状態を対象とするかによって，用いる指標も異なる。特に，部材がどのくらいの力に耐えられるかを表す限界値を**耐荷力**（load carrying capacity）といい，それを断面力で表示したものを**耐力**（resistance），応力で表示したものを**強度**（strength）という†。

　設計においては，構造物や構造部材の限界値 R（例えば耐力）が，荷重などによる応答値 S（例えば発生断面力）を上回っていることを確認する。これを**照査**（verification）という。ただし，一般に作用は種類によって特性が大きく異なることから（例えば死荷重と活荷重），個々の作用による応答値 S_i を別々に求め，それらを適切に組み合わせて設計に用いる。さらに，応答値，限界値とも確率量であるため，不慮の要因により応答値が限界値を上回ってしまうことのないよう，適切な**安全係数**（safety factor）γ が設定される。安全係数は一般には 1.0 よりも大きな値がとられる。以上の内容をまとめると

$$\gamma \frac{\sum S_i}{R} \leq 1.0$$

と表すことができ，これが照査式の基本となる。

---

† 　後述する道路橋示方書では，耐力と強度の使い分けはせず，いずれも強度と呼んでいる。

2.2 | 照査式のフォーマット

照査式のフォーマットには，伝統的につぎの三つの考え方がある[1]†。

(1) 限界値（抵抗値）R のみに，ただ一つの安全係数を考慮する方法。すなわち

$$\frac{\sum S_i}{R/\gamma_R} \leqq 1.0$$

とする。この代表例が許容応力度設計法である。これについては 2.3.1 項で述べる。

(2) 応答値 S のみに，作用（荷重）の種類に応じた複数の安全係数を考慮する方法。すなわち

$$\frac{\sum \gamma_i S_i}{R} \leqq 1.0$$

とする。これは**荷重係数設計法**（load factor design, **LFD**）と呼ばれる。

(3) 応答値 S，限界値 R の双方に，個々の特性を踏まえた複数の安全係数を考慮する方法。これにはいろいろなフォーマットがあるが，例えば土木学会の『鋼・合成構造標準示方書 設計編』[2] では，つぎのように表されている。

$$\gamma_i \frac{\sum \gamma_a S(\gamma_f F_k)}{R(f_k/\gamma_m)/\gamma_b} \leqq 1.0$$

ここで $\gamma_i, \gamma_a, \gamma_f, \gamma_m, \gamma_b$ が安全係数であり（詳細は 2.3.3 項で述べる），この方法は**荷重抵抗係数設計法**（load and resistance factor design, **LRFD**）と呼ばれる。また，個々の強度や荷重などに応じて設定される安全係数は**部分係数**（partial factor）と呼ばれ，それを用いた方法として，これを部分係数設計法とも呼ぶ。

---

† 肩付き番号は巻末の引用・参考文献を示す。

| **2.3** | おもな設計法 |

設計法はさまざまな観点から分類がなされ，名前がつけられている。ここではそのうちの代表的なものを紹介する。これらは相反するものではなく，設計式の表現方法や分類尺度が異なっているにすぎない。

2.3.1　許容応力度設計法

許容応力度設計法（allowable stress design，**ASD**）は，応答値と限界値をともに応力度で表し，限界値のみに安全係数を考慮する手法である。一般に弾性設計法が採用される。

基準強度（限界値）として降伏強度や座屈強度をとり，それを安全係数で除したものを**許容応力度**（allowable stress）と呼ぶ。安全係数には 1.7 程度の値が用いられる。許容応力度設計法では，日常的に生じる作用の中で最も厳しいものを構造物に作用させて弾性解析し，各部に発生する応力度が許容応力度を超えないように部材寸法を定める。

地震などの稀にしか生じない荷重や荷重の組み合わせに対しては，許容応力度を割り増すことが行われ，これにより，荷重の確率的な取扱いを取り入れている。

許容応力度設計法の利点は，弾性解析で設計が行えることと，照査フォーマットが簡単なことである。そのため，設計計算が容易であるとともに，照査手順を明快に示すことができる。古くから用いられてきた実績の多い手法であり，最近までは世界的に広く普及していた。

許容応力度設計法においても部材の降伏や座屈という限界状態は考慮されているが，作用に応じて異なるべき構造部材の限界状態が必ずしも明確にされていない。また，安全係数が一つしかないため，どのような作用や限界状態に対して，どの程度の安全性が確保されているのかが表示しにくい。そのため，最近では部分係数を用いた限界状態設計法が採用されるようになってきた。

2.3.2　限界状態設計法

限界状態設計法（limit state design，**LSD**）とは，その構造物に生じてはならない種々の限界状態を想定し，それぞれの状態に至らないことを個々に照査する設計法である。限界状態設計法では，一般に部分係数設計法の照査フォーマットが採用される。

限界状態にはさまざまなものがあるが，終局限界状態，使用限界状態，疲労限界状態が代表的なものである。終局限界状態は構造物や部材が破壊したり，大変形，大変位などを起こして機能や安定を失う状態である。使用限界状態は，構造物や部材が過度な変形，変位，振動等を起こしたり，外観が著しく悪くなるなど，正常な使用ができなくなる状態である。疲労限界状態は，構造物または部材が繰返し作用により損傷し，機能を失う状態をいう。

2.3.3　部分係数設計法

部分係数設計法は，設計法というよりも照査フォーマットに対する名称であるが，最近はこれが用いられることが多いので，再度取り上げて説明を加える。前述のように，土木学会の『鋼・合成構造標準示方書』ではつぎの照査フォーマットを採用している。

$$\gamma_i \frac{\sum \gamma_a S(\gamma_f F_k)}{R(f_k/\gamma_m)/\gamma_b} \leq 1.0 \tag{2.1}$$

ここで，$S(\cdots)$ は作用から構造物の応答値を算出するための関数，$R(\cdots)$ は材料強度から構造物の限界値を求めるための関数である。

F_k，f_k はそれぞれ作用と材料強度の特性値である。**特性値**（characteristic value）とは，作用（の最大値）や強度（の最小値）を代表する値であると考えればよい。例えば鋼材の強度でいえば，規格に示されている保証範囲の最小値が特性値であり，自動車荷重では法定内で道路を走行できる車両重量の上限値が特性値となる。

γ で表記されているのは部分係数であり，いずれも 1.0 以上の値が与えられる。γ_i は構造物係数であり，構造物の重要度を考慮するための係数である。

γ_a は構造解析係数であり，設計計算に用いるモデルの精度や，計算手法の不確実性などを考慮するための係数である。γ_f は作用係数，γ_m は材料係数であり，それぞれ特性値からの望ましくない方向への変動を考慮するための係数である。γ_b は部材係数であり，部材の耐力や強度を算定する上での不確実性や，部材寸法のばらつき，部材の重要度などを考慮するための係数である。

　耐荷力の照査を例にとって上記の概念を示すと，**図 2.1** のようになる。荷重の特性値 F_k には，その特性に応じて設定される作用係数 γ_f が乗じられ，設計荷重 F_d となる。設計荷重は適切に組み合わされ，それを作用させた場合に生じる部材の応答が $S(\cdots)$ により算出される。一般に，応答を計算する際は構造解析を用いるので，算出された値に構造解析係数 γ_a を乗じる。これが式 (2.1) の左辺分子の意味であり，これにより設計応答値（設計断面力）が求められる。

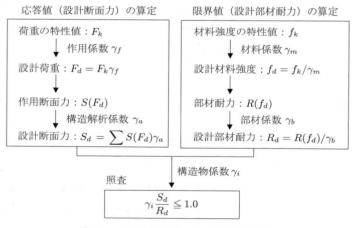

図 2.1　耐荷力に関する安全性照査の流れ

　一方，材料強度の特性値 f_k を材料係数 γ_m で除すことで，設計材料強度 f_d が与えられる。設計材料強度を基に，構造物や部材の耐力を算出する関数が $R(\cdots)$ である。算出された耐力は，それを算出する際の不確実性を考慮するために部

材係数で除される。これが式 (2.1) の左辺分母の意味であり，これにより設計限界値（設計部材耐力）が得られる。

　設計応答値と設計限界値の比に構造物係数を乗じた値が 1.0 よりも小さいことで，構造物や部材の性能が要求を満足していることが確認される。

　なお，本書では鋼構造部材の限界値（耐力や強度など）の考え方と設計値の算出手法，すなわち図 2.1 の右側の枠にある事項を中心に述べる。応答値については，作用を適切にモデル化した上で，構造力学や有限要素解析などを駆使して算出することとなるが，構造物ごとに大きく事情が異なることから，橋梁工学などのタイトルを有する成書を参考にするとよい。

2.3.4　性能照査型設計法

　最近では，従来の仕様規定型の設計法に代わって，**性能照査型設計法**（performance based design，**PBD**）が取り入れられている[1]。性能照査型設計法においては，構造や部材に要求される性能のみが規定され，それを満足させる手段は設計者が自由に選択できるとされる。この際，要求性能は限界状態を念頭に置いて表現されるのが一般的であり，性能照査型設計法は一般には部分係数を用いた限界状態設計法によって実施される。

　土木学会の『鋼・合成構造標準示方書』では性能照査型設計法が採用されており，実際の設計照査は部分安全係数を用いた限界状態設計法で行う。同示方書では，鋼構造物に要求される性能として**表 2.1** に示す六つの基本的要求性能を挙げている。

　要求性能には，構造安全性のように限界状態を明確に定めることができるものと，社会・環境適合性などのように，それが難しいものとがある。現在では構造安全性，使用性，修復性，耐疲労性についてのみ限界状態を定めている。

表 2.1　土木学会標準示方書における要求性能の分類[2]

要求性能	性能項目	照査項目の例	照査指標の例
安全性	構造安全性	部材耐荷力，構造系全体の耐荷力，接合部の耐荷力，安定性等	断面力，応力度
	公衆安全性	利用者および第三者への被害（落下物等）	－
使用性	走行性	走行性（路面の健全性，剛性），列車走行性，乗り心地	路面の平坦度，桁のたわみ
	歩行性	歩行性（歩行時の振動）	桁の固有振動数
修復性	修復性	損傷レベル（損傷に対する修復の容易さ）	応答値（損傷度）/限界値（損傷度）
耐久性	耐疲労性	変動作用による疲労耐久性	等価応力範囲/許容応力範囲
	耐腐食性	鋼材の防錆・防食性能	腐食環境と塗装仕様，LCC
	材料劣化抵抗性	コンクリートの劣化	水セメント比，かぶり
	維持管理性	維持管理（点検，塗装など）の容易さ，損傷に対する修復の容易さ	－
社会・環境適合性	社会的適合性	部分係数の妥当性（構造物の社会的な重要度の考慮）	部分係数（構造物係数等）
	経済的合理性	構造物のライフサイクルにおける社会的効用	LCC，LCU
	環境適合性	騒音・振動，環境負荷（CO_2 排出），景観等	近隣住民に対する騒音・振動レベル，$LCCO_2$，構造形式・塗装色による景観創造性，モニュメント性等
施工性	施工時安全性	施工時の安全性	断面力，応力度，変形
	容易性	製作や架設作業の容易性	

2.4　設　計　基　準

　設計照査の結果は，第三者にとってもわかりやすい形で提供されなければならない。また，土木構造物は公共性が高いので，設計者によって結果が著しく異なることは避けるべきである。そのため，設計の手順を示した設計基準類が整備されており，一般にはそれらに従って設計が行われる。

土木鋼構造物に関連する基準類としては

(1) 鋼構造物一般：鋼・合成構造標準示方書（総則編，構造計画編，設計編，耐震設計編，施工編，維持管理編），土木学会

(2) 鉄道橋：鉄道構造物等設計標準・同解説（鋼・合成構造物），鉄道総合技術研究所

(3) 道路橋：道路橋示方書・同解説（I 共通編，II 鋼橋・鋼部材編），日本道路協会

(4) 水門鉄管など：水門鉄管技術基準（水圧鉄管・鉄鋼構造物編），水門鉄管協会

(5) 港湾構造物：港湾の施設の技術上の基準・同解説，日本港湾協会

(6) 鉄塔：送電用鉄塔設計仕様，日本鉄塔協会

などがある。鋼構造部材の特性そのものは，構造物の種類によって異なるものではないが，構造物によって荷重が異なることや，使用される部材寸法の違い，製作方法の違い，使用環境の違い，それぞれの基準類の歴史的背景の違いなどにより，同じ現象を取り扱う場合でも異なった考え方により設計が行われることがある。

　本書では，土木学会の『鋼・合成構造標準示方書 設計編』[2]（以下，土木学会標準示方書）の内容を中心に，鋼構造物の設計の考え方を説明する。また，記号もできるだけそれに合わせる。しかし，土木学会標準示方書は特定の構造物を対象にしたものではないため，安全係数に具体的な数値が与えられていない場合もある。そのため，『鉄道構造物等設計標準・同解説』[3]（以下，鉄道橋設計標準）や『道路橋示方書・同解説』[4]（以下，道路橋示方書）を併せて引用することにより，具体的な設計計算が行えるようにする。

　以下に，上記三つの設計基準の概要を紹介する。まだ説明していない用語もあるが，それらについては次章以降を参照されたい。

2.4.1　土木学会標準示方書

土木学会標準示方書は 2007 年に刊行され，以降，順次改訂が続けられてい

る。性能照査型設計法の考え方が取り入れられており、具体的な照査は部分係数設計法を用いた限界状態設計法により行われる。照査フォーマットや、安全係数の種類と意味、要求性能については 2.3.3、2.3.4 項で述べた通りである。

2.4.2　鉄道橋設計標準

　鉄道橋設計標準は、それまでの国鉄の基準の改訂版として 1992 年に刊行され、その際に、許容応力度設計法に代わり限界状態設計法が採用された。さらに、2009 年からは性能照査型設計の枠組みが取り入れられた。2009 年の改訂にあたっては、土木学会標準示方書を参考にしたため、照査フォーマットや安全係数など、設計の枠組みは土木学会標準示方書のものとほぼ同じとなっている。一部を除いて断面力表示（耐力表示）で記述されている。

　鉄道橋設計標準では、地震時を除き、鋼材や鋼部材が降伏または座屈する状態を限界状態と定めている。限界値として降伏耐力や座屈耐力をとり、安全率を考慮した上で、断面力などがそれよりも小さいことを確認する。

　土木学会標準示方書と鉄道橋設計標準で示されている安全係数のうち、安全性の照査に用いるものの一例を**表 2.2** に示す。以降、本書において特記がない場合には、これらの値を用いればよい。

表 2.2　安全係数の例

安全係数		土木学会標準示方書	鉄道橋設計標準
作用係数	γ_f	1.0〜1.2	1.0〜1.2
構造解析係数	γ_a	1.0〜1.1	1.0
材料係数	γ_m	1.0〜1.05	1.05
部材係数	γ_b	1.1〜1.3	1.05〜1.1
構造物係数	γ_i	1.0〜1.2	1.2

2.4.3　道路橋示方書

　道路橋示方書では長らく許容応力度設計法が用いられていたが、2017 年の改訂において、耐荷性能に関してのみ、限界状態設計法が採用されるようになった。性能照査型設計の枠組みは 2002 年から導入されている。また、一部を除

いて応力度表示で記述されている。

　道路橋示方書では，鋼部材等の限界状態として，限界状態1，2，3を規定している。このうち，限界状態2は地震時の限界状態に対するものであり，本書では取り扱わない。限界状態1は部材等の挙動が可逆性を有する限界の状態であり，降伏や座屈が生じる状態のことである。限界状態3は，部材等の挙動が可逆性を失うものの，耐荷力を完全には失わない限界の状態であり，例えば荷重変位関係における最大荷重点に達した状態などを指すとされている。しかし，実際にはほとんどの項目において，部材の降伏や座屈を限界状態3としている。この点についてはつぎのような解説があり，鋼部材ではほとんどがこれに該当する。

　『限界状態1と限界状態3とが区別し難い場合で，限界状態3を超えないとみなせるための条件が，限界状態1を超えないとみなせることにも配慮して定められている場合には，対象とする事象を限界状態3として代表させ，限界状態3を超えないと見なせる場合に，限界状態1を超えないとみなしてよい』

　以上を踏まえ，本書では，一部を除いて限界状態3の照査（実質的には降伏と座屈に対する照査）について説明する。限界状態3に対する照査フォーマットはつぎの通りである。

$$\sum S_i(\gamma_{pi}\gamma_{qi}P_i) \leq \xi_1 \cdot \xi_2 \cdot \Phi_R \cdot R(f_c, \Delta_c) \tag{2.2}$$

γ_{pi}は荷重組み合わせ係数，γ_{qi}は荷重係数であり，それぞれ荷重の同時載荷と，荷重の極値を考慮するための安全係数である。これらを作用の特性値P_iに乗じ，それに基づいて作用効果$S_i(\cdots)$を求めるのが左辺の意味である。右辺は設計限界値に当たるものであるが，道路橋示方書では制限値と呼んでいる。$R(\cdots)$は材料の特性値f_cおよび寸法の特性値Δ_cから求められる部材等の抵抗値を表すが，これは特性値であり，材料強度や寸法などのばらつきは抵抗係数Φ_Rで考慮することとなっている。ξ_1は調査・解析係数と呼ばれ，作用効果を算出する過程に含まれる不確実性を考慮するための係数である。ξ_2は部材・構造係数と呼ばれ，部材等の非弾性域における強度特性の違いを考慮するための係数で

ある。安全係数 Φ_R, ξ_1, ξ_2 は乗算の形で与えられており，いずれも 1.0 以下の値をとる。

道路橋示方書での安全係数の例を**表 2.3** に示す。こちらについても，以降，特記がない場合にはこれらの値を用いればよい。

表 2.3　道路橋示方書の安全係数の例

安全係数		値
荷重係数	γ_q	1.00〜1.25
荷重組み合わせ係数	γ_p	0.50〜1.00
調査・解析係数	ξ_1	0.90
部材・構造係数	ξ_2	1.00*
抵抗係数	Φ_R	0.85

*SBHS500 及び SBHS500W は 0.95

いずれの設計基準類においても，これまでの経験を基にして定められている事項が多い。そのため，自ずと適用範囲は限られており，従来にない新しい技術に対しては基準が適用できないか，適用が不適切となる場合がある。しかし，設計基準にないからといって新しい技術の導入が阻害されることがあってはならない。新技術を使っても要求性能が満足されることを示すことができればよいのであり，そのためには鋼構造が持つ特性の本質を理解しておくことが重要である。

演 習 問 題

〔**2.1**〕　設計引張力と設計引張耐力はそれぞれどのような意味か，整理せよ。

〔**2.2**〕　安全係数の種類と意味について，もう一度整理せよ。

〔**2.3**〕　土木学会標準示方書に示されている要求性能の意味を考え，性能項目との関係を整理せよ。

3章 鋼 材

◆本章のテーマ

　鋼構造物を理解するためには，まず，鋼材そのものの特性を知っておく必要があることはいうまでもない。本章では，鋼材の特性について，特に設計を行う上で知っておくべき事項について述べる。さまざまな重要な用語が出てくるが，用語の意味だけでなく，代表的なものについては具体的な数値も覚えておくとよい。鋼の材料学的特性については 13 章で詳述する。

◆本章の構成（キーワード）

3.1　鋼材の破壊
　　　延性破壊，ぜい性破壊，疲労破壊
3.2　鋼材の応力-ひずみ関係
　　　応力，ひずみ，弾性係数，降伏強度，引張強度
3.3　じん性
　　　シャルピー吸収エネルギー，遷移温度
3.4　鋼材の規格
　　　SS 材，SM 材，形鋼
3.5　設計材料強度
　　　特性値，材料係数

◆本章を学ぶと以下の内容をマスターできます

☞　鋼材の破壊モード
☞　応力-ひずみ関係
☞　ぜい性破壊の防止法
☞　材料規格
☞　材料強度の設計用値

3.1 | 鋼 材 の 破 壊

　通常の状態で準静的に鋼材の引張試験を行うと，10 % をはるかに超えるような大きな伸びが生じたのちに破断する。このような破壊を**延性破壊**（ductile fracture）という。ところが，同じ鋼材でも，条件によっては十分な伸びを伴わないで瞬間的な破壊が生じるようになる。このような破壊を**ぜい性破壊**（brittle fracture，脆性破壊）という。ぜい性破壊を引き起こす条件は，鋼材中に鋭い切欠きがあること，鋼材の温度が低いこと，荷重が衝撃的に作用すること，鋼材自体がもろいことなどである。ぜい性破壊は部材や構造物全体の急激な崩壊につながる恐れがあることから，望ましくない破壊形態である。

　また，延性破壊やぜい性破壊が生じる荷重よりも小さな荷重であっても，それが多数回繰り返して作用すると，ある時点でき裂が発生し，それがさらなる荷重の繰返しによって進展し，最終的に延性破壊またはぜい性破壊を引き起こすことがある。これを**疲労破壊**（fatigue fracture）という。鋼部材の疲労については，12 章で詳細に説明する。

3.2 | 鋼材の応力−ひずみ関係

3.2.1　公称応力−公称ひずみ関係

　鋼材の応力−ひずみ関係は，細長い鋼板や鋼棒に対して引張試験を行うことで得られる。引張試験は鋼材が延性破壊する場合の力学特性を調べるための試験であり，試験片の形状と試験方法は JIS で定められている。

　鋼材の応力−ひずみ関係の模式図を**図 3.1** に示す。図 (a) は全体の応力−ひずみ関係であり，ひずみが小さい領域を拡大したものが図 (b) である。ここで，応力とひずみはそれぞれ次式で計算される値であり，**公称応力**（nominal stress），**公称ひずみ**（nominal strain）と呼ばれる。

$$\sigma_n = \frac{P}{A_0}, \quad \varepsilon_n = \frac{l - l_0}{l_0} = \frac{\Delta l}{l_0} \tag{3.1}$$

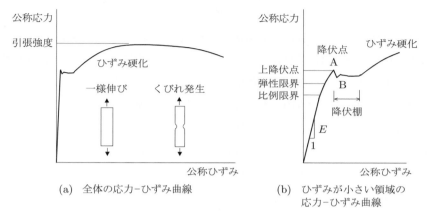

図 **3.1** 公称応力-公称ひずみ関係

ここで，P は荷重，A_0 は載荷前の断面積，l_0 は載荷前の標点間距離（試験体に設けた二つの基準点間距離），l は載荷中の標点間距離，Δl は載荷による伸びである。

まず図 (b) を見ながら，応力を徐々に増加させた場合の挙動を見てみる。応力を増加させていくと，しばらくは応力とひずみが比例関係を示す。これを

$$\sigma_n = E\varepsilon_n$$

と表し，比例定数 E を**弾性係数**（elastic modulus）または**ヤング率**（Young's modulus）と呼ぶ。弾性係数 E は鋼の種類によらず $E = 2.0 \times 10^5$ N/mm^2 程度である。

応力とひずみが比例関係から外れ出すときの応力を比例限界と呼ぶ。また，その時点から除荷（荷重を下げていくこと）してもひずみが 0 に戻らなくなる限界の応力を弾性限界と呼ぶ。

比例限界，弾性限界を超えてさらに応力を増加させると，あるところで応力が急減（図 (b) の点 A），底打ち（図 (b) の点 B）し，応力はほぼ一定のまま，ひずみのみが増加し始める。この現象を**降伏**（yielding）といい，点 A を上降伏点，点 B を下降伏点と呼ぶ。単に降伏点というときは上降伏点を指す。また，降伏点に相当する応力を**降伏応力**（yield stress）と呼ぶ。

このように，応力‐ひずみ関係は，降伏点を境にして著しく異なった挙動を示す。降伏前の状態を**弾性**（elastic），降伏後の状態を**塑性**（plastic）と呼ぶ。なお，厳密には両者の境界は弾性限界であるが，弾性限界と降伏点は接近していることが多いので，便宜上，降伏点をその境界とみなすことが多い。

降伏点を過ぎ，ひずみのみが増加する領域を**降伏棚**（yield plateau）またはおどり場という。さらにひずみが増加し，ある大きさ以上になると，再び応力が増加し始める。この現象を**ひずみ硬化**（strain hardening）と呼ぶ。

さて，ここからは図 (a) に目を移そう。応力はひずみ硬化により徐々に増加していくが，そのうちに曲線はほぼ水平になり，最大点に到達する。このときの公称応力を**引張強度**（tensile strength，ultimate strength）という。この付近までは試験体全体が均一に伸びる，一様伸びを示す。その後，試験片平行部のいずれか 1 か所が細くなる現象が生じ，その箇所の伸びのみが進行していく。これを**くびれ**（necking）という。くびれの発生とともに公称応力が減少し始め，破断に至る。

鋼種によっては，**図 3.2** に示すように明確な降伏点を示さず，応力‐ひずみ関係が徐々に直線からはずれる挙動を示す。この場合，0.2 % の永久ひずみが残るときの応力を降伏応力として取り扱う。これを **0.2 % 耐力**（0.2 % proof stress）と呼ぶ。

実鋼材に対して測定された応力‐ひずみ曲線の例を**図 3.3** に示す。破断時の

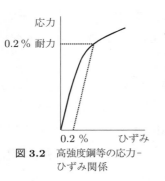

図 3.2　高強度鋼等の応力‐
　　　　　　ひずみ関係

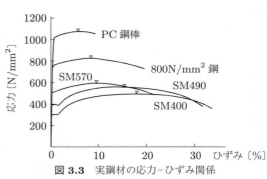

図 3.3　実鋼材の応力‐ひずみ関係

ひずみを**伸び**（elongation）というが，引張強度の比較的低い鋼材（SM400 など）では伸びが 30 % にも達しており，非常に伸び能力に優れた材料であることがわかる。また，降伏後のひずみ硬化による応力の増加が大きく，降伏応力と引張強度の比（これを**降伏比**（yield ratio）と呼ぶ）が小さい。一方，引張強度が高い鋼材（SM570 など）では，低強度の鋼材と比較して伸びが小さく，降伏比が大きい。

　さて，圧縮時の応力-ひずみ関係はどうなるであろうか。じつは圧縮応力-ひずみ関係を，ひずみが大きい領域まで正確に得ることはきわめて難しい。試験片の形状をいかに工夫しても，5 章で見るような座屈を避けられないためである。逆にいえば，鋼構造部材においては，鋼材そのものの圧縮破壊が生じることはなく，圧縮時には降伏または座屈によって限界状態が決まると考えてよい。そのため，工学的には，圧縮時の応力-ひずみ関係は，引張時のそれの応力とひずみの符号を代えたものが用いられる。

　これまでは単調に荷重を増加させた場合の応力-ひずみ関係について見てきた。弾性域内であれば，もしその時点から荷重を 0 に戻せば，ひずみも 0 に戻ることも述べた。では，塑性域内で除荷した場合にはどのような履歴となるであろうか。これを示したものが**図 3.4** である。点 A の時点で除荷すると，応力とひずみは直線的に減少して点 B に至る。点 B において残留しているひずみ（図の ε_p）を塑性ひずみと呼び，弾性的に生じる AB 間のひずみ（図の ε_e）を弾性ひずみと呼ぶ。

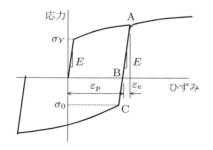

図 3.4　引張・圧縮時の
　　　　　応力-ひずみ関係

　点 B から再度引張荷重を加えると，応力とひずみは再び点 A に向かって上昇し，ほぼ点 A に達するところで元の応力-ひずみ関係に戻る。この際，除荷，再載荷時の応力-ひずみ関係の傾きは，初期載荷時の弾性係数 E にほぼ等しい。

　一方，点 B からさらに圧縮荷重を載荷すると，やはり傾き E で点 C に向かって応力，ひずみが減少する。やがて直線からはずれてくるが，その際の圧縮応力は本来の降伏応力よりも絶対値が小さくなる（$\sigma_Y > |\sigma_0|$）。これを**バウジンガー効果**（Bauschinger effect）という。

3.2.2　真応力-真ひずみ関係

　公称応力と公称ひずみは計測が簡単であることから，通常の引張試験の整理にはこれらが用いられる。また，比較的小さいひずみを取り扱う場合にはそれで十分である。しかし，鋼材は 10 % を超えるような大きなひずみにも耐えられるため，そのようなひずみを対象として公称ひずみを用いると，不都合が生じることがある（章末の演習問題〔3.2〕参照）。そこで，大きなひずみに着目する場合には，以下に示す真応力と真ひずみを用いるとよい。

　試験片を引っ張ると，引っ張った方向には伸びるが，それと直交する方向には縮む。前者に相当するひずみを縦ひずみ，後者に相当するひずみを横ひずみという。縦ひずみを ε_x，横ひずみを $\varepsilon_y, \varepsilon_z$ としたとき，その比に負の符号を与えたもの

$$\nu = -\frac{\varepsilon_y}{\varepsilon_x} = -\frac{\varepsilon_z}{\varepsilon_x}$$

を**ポアソン比**（Poisson's ratio）と呼ぶ。鋼では弾性変形に対しては 0.3 程度，塑性変形では 0.5 程度の値である。荷重が増加するにつれて，ポアソン効果によって断面積は減少し，その値は

$$A = A_0(1 + \varepsilon_y)(1 + \varepsilon_z) = A_0(1 - \nu\varepsilon_x)^2$$

と表される。そこで，つぎのように**真応力**（true stress）を定義する。

$$\sigma_t = \frac{P}{A}$$

ここで，P は荷重，A はその時点での断面積である。

真ひずみ（true strain）も同様に，その時点での長さを基準として定義され，増分がつぎのように与えられる。

$$d\varepsilon_t = \frac{dl}{l}$$

初期長さを l_0 とすると，現時点の長さ l までの真ひずみは

$$\varepsilon_t = \int_{l_0}^{l} \frac{dl}{l} = \ln \frac{l}{l_0} \tag{3.2}$$

となる。ただし ln は自然対数である。この意味で，真ひずみを対数ひずみと呼ぶこともある。上式を変形すると

$$\varepsilon_t = \ln \frac{l_0 + \Delta l}{l_0} = \ln \left(1 + \frac{\Delta l}{l_0} \right) = \ln(1 + \varepsilon_n) \tag{3.3}$$

となり，真ひずみと公称ひずみの関係が求められる。

真ひずみと公称ひずみは定義が異なるだけであり，どちらが正しいというわけではないが，大きなひずみを取り扱う際には真ひずみを用いるのが便利である。

さて，真応力と真ひずみを用いて応力-ひずみ曲線を描くと，**図 3.5** のようになる。ここではくびれを生じる断面でのそれを示している。ひずみが小さい領域では，真応力-真ひずみ関係と公称応力-公称ひずみ関係とはほぼ同じであるが，ひずみが大きくなると両者は徐々に異なってくる。特にくびれが生じたのちは，真応力は小さくなった断面積を用いて計算されるため増加し続けるのに対し，公称応力は載荷前の断面積を用いて計算されるため，荷重の低下につれて減少するようになる。

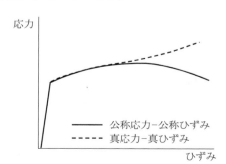

図 3.5 真応力-真ひずみ関係

3.2.3 降 伏 条 件

弾性状態から塑性状態に移行する条件を**降伏条件**（yield condition）または**降伏基準**（yield criterion）という。単軸引張ではいうまでもなく $f = \sigma - \sigma_Y = 0$（$\sigma_Y$：降伏応力†）が降伏条件である。ところが，実際の構造物では応力が一方向にしか生じていないことは稀であり，複数の方向に応力が生じる，いわゆる多軸応力状態となっていることが多い。このような場合には，応力がどのような条件を満たしたときに降伏が生じるのであろうか。

これにはいくつかの提案があるが，鋼に対してよく使われるのは**ミーゼスの降伏条件**（von Mises' yield condition）である。これは，すべての応力成分から

$$\overline{\sigma} = \sqrt{\frac{1}{2}\left\{(\sigma_1-\sigma_2)^2 + (\sigma_2-\sigma_3)^2 + (\sigma_3-\sigma_1)^2\right\}}$$

$$= \sqrt{\frac{1}{2}\left\{(\sigma_x-\sigma_y)^2 + (\sigma_y-\sigma_z)^2 + (\sigma_z-\sigma_x)^2 + 6(\tau_{xy}^2 + \tau_{yz}^2 + \tau_{zx}^2)\right\}}$$

を計算し

$$f = \overline{\sigma} - \sigma_Y = 0$$

を降伏条件とするものである。ここで，$\sigma_1, \sigma_2, \sigma_3$ は主応力，σ_{ij}, τ_{ij} は応力テンソルの成分である。この $\overline{\sigma}$ は，多軸状態にある応力から計算される単軸応力に相当する量という意味で，**相当応力**（equivalent stress）と呼ばれる。

単軸引張状態，例えば σ_x のみが値を持ち，他がすべて 0 であれば，当然のことながら $\overline{\sigma} = \sigma_x$ となる。また，純せん断状態，例えば τ_{xy} のみが値を持ち，他がすべて 0 であれば，$\overline{\sigma} = \sqrt{3}\tau_{xy}$ なので $\sqrt{3}\tau_{xy} - \sigma_Y = 0$，すなわち $\tau_{xy} = \sigma_Y/\sqrt{3}$ で降伏が生じることになる。

3.2.4 応力−ひずみ関係の数式モデル

通常，応力−ひずみ関係は，簡略な数式モデルに置き換えて構造解析に用いられる。**図 3.6** に，鋼部材の解析で用いられるおもな応力−ひずみ関係のモデ

---

† 応力の y 方向成分 σ_y と区別するため，降伏応力は σ_Y と示すこととする。

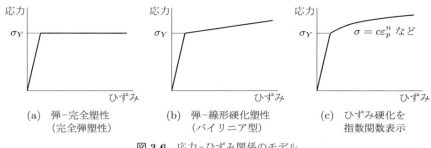

図 **3.6**　応力–ひずみ関係のモデル

ルを示す。一般には，降伏点までは応力とひずみは直線関係が仮定される。図
(a) は降伏後のひずみ硬化を無視するものであり，弾–完全塑性モデルまたは
完全弾塑性モデルと呼ばれる。図 (b) はひずみ硬化を直線で近似するものであ
り，弾–線形硬化塑性モデルまたはバイリニア型モデルと呼ばれる。図 (c) は
ひずみ硬化部分を指数関数で近似する例である。このほかに，3 本の直線で近
似するトリリニア型，多数の折れ線で近似するマルチリニア型などが用いら
れる。

3.3 ｜ じ ん 性

　鋼材の持つぜい性破壊に対する抵抗性能を**破壊じん性**（fracture toughness,
破壊靱性）あるいは単にじん性と呼ぶ。じん性が高いとは，ぜい性破壊しにく
い性質を指し，じん性が低いとはその逆を指す。また，なんらかの原因によっ
てじん性が低下することをぜい化という。

　じん性を評価する方法として広く普及しているのは，**シャルピー衝撃試験**
（Charpy impact test）である。シャルピー衝撃試験は**図 3.7** に示すような試
験機で実施する。試験を行いたい鋼材から**図 3.8** に示すような小片を切り出し，
その中央に人工ノッチを入れておく。ノッチ形状は 45 °の V 形とすることが
多い。この試験片をシャルピー試験機にセットし，ある振り上げ角 β からハ
ンマーを振り下ろす。ハンマーは最下位置で試験片に衝突し，試験片は破壊す

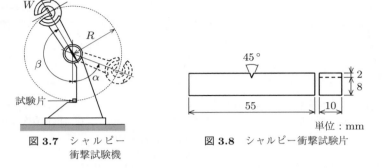

図 3.7 シャルピー
衝撃試験機

図 3.8 シャルピー衝撃試験片

単位：mm

るが，ハンマーは慣性によってある角度 α まで振り上がる。これにより，ハンマーは

$$E = WR(\cos\alpha - \cos\beta)$$

の位置エネルギーを失うこととなる。ここで，W はハンマーの重さ，R は回転半径である。ハンマーが失ったエネルギーは試験片の破断に費やされたものであると考え，これを**シャルピー吸収エネルギー**（Charpy absorbed energy）として，鋼材のじん性を表す指標とする。シャルピー吸収エネルギーが大きいと，破壊までに多くのエネルギーを要することから延性的な破壊であると解釈され，小さい場合にはぜい性的な破壊であると解釈される。

　試験片の破面には，キラキラしたぜい性破面と，にぶく光沢がない延性破面とが観察されるが，全体の面積に占めるぜい性破面の面積比をぜい性破面率，延性破面の面積比を延性破面率として求めることもある。

　鋼材のじん性は温度に大きく依存する。そこで，鋼材の温度をさまざまに変化させてシャルピー衝撃試験を実施すると，**図 3.9** のような結果が得られる。横軸は温度であり，縦軸はシャルピー吸収エネルギーおよびぜい性破面率である。図より明らかなように，鋼材の温度が高い場合にはシャルピー吸収エネルギーが大きく，ぜい性破面率も低い（延性破面率が高い）。一方，温度が低い場合には，シャルピー吸収エネルギーは小さく，ぜい性破面率が高い。このように，高温から低温に向かうにつれ，破壊が延性的な様態からぜい性的なものに

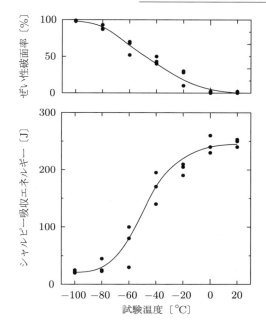

図 3.9 シャルピー衝撃試験
結果の例

変化する。

図 3.9 に示した曲線は**遷移曲線**（transition curve）と呼ばれ，この曲線の特性を代表するものとして，しばしば**遷移温度**（transition temperature）が用いられる。遷移温度としては，ぜい性破面率が 50 % になるときの温度などが用いられる。

じん性が高い材料ほど遷移温度は低くなる。よって，使用環境における最低温度よりも遷移温度が低い鋼材を用いれば，ぜい性破壊を防止することができる。このようなぜい性破壊の防止法を，遷移温度アプローチと呼ぶ。

3.4 鋼 材 の 規 格

鋼構造物には鋼板，鋼管，形鋼，ワイヤケーブルなどさまざまな鋼材が用いられ，それらの形状，力学特性，化学成分などは JIS で規定されている。その中で，鋼構造物に最もよく用いられる構造用鋼材の規格を**表 3.1** に示す。なお，

3. 鋼 材

表 3.1 構造用熱間圧延鋼材の JIS 規格

種別	記号		最大板厚 [mm]	化学成分 [%] 板厚 [mm]	C	Si	Mn	P	S	板厚 [mm]	降伏点最小 [N/mm²]	引張強度 [N/mm²]	伸び* [%]	シャルピー吸収エネルギー [J]
一般構造用鋼材	SS400		—	—	—	—	—	0.050 以下	0.050 以下	16 以下 16 超 40 以下 40 超 100 以下 100 超	245 235 215 205	400～510	17～23 以上	—
溶接構造用鋼材	SM400	A	200	50 以下 50 超	0.23 以下 0.25 以下	—	2.5×C 以上	0.035 以下	0.035 以下	16 以下 16 超 40 以下 40 超 75 以下 75 超 100 以下 100 超 160 以下 160 超	245 235 215 215 205 195	400～510	18～24 以上	B:27 以上 (0°C) C:47 以上 (0°C)
		B	200	50 以下 50 超	0.20 以下 0.22 以下	0.35 以下	0.60～1.50							
		C	100		0.18 以下	0.35 以下	0.60～1.50							
	SM490	A	200	50 以下 50 超	0.20 以下 0.22 以下	0.55 以下	1.65 以下	0.035 以下	0.035 以下	16 以下 16 超 40 以下 40 超 75 以下 75 超 100 以下 100 超 160 以下 160 超	325 315 295 295 285 275	490～610	17～23 以上	B:27 以上 (0°C) C:47 以上 (0°C)
		B	200	50 以下 50 超	0.18 以下 0.20 以下									
		C	100		0.18 以下									
	SM490Y	A B	100		0.20 以下	0.55 以下	1.65 以下	0.035 以下	0.035 以下	16 以下 16 超 40 以下 40 超 75 以下 75 超	365 355 335 325	490～610	15～21 以上	B:27 以上 (0°C)
	SM520	B C	100		0.20 以下	0.55 以下	1.65 以下	0.035 以下	0.035 以下	16 以下 16 超 40 以下 40 超 75 以下 75 超	365 355 335 325	520～640	15～21 以上	B:27 以上 (0°C) C:47 以上 (0°C)
	SM570		100		0.18 以下	0.55 以下	1.70 以下	0.035 以下	0.035 以下	16 以下 16 超 40 以下 40 超 75 以下 75 超	460 450 430 420	570～720	19～26 以上	47 以上 (−5°C)

* 伸びは板厚によって試験片が異なり，値の比較はできないので，おおよその範囲を示した。

以下で溶接性という用語を用いるが，溶接性とは溶接に対する適性だと考えてよい。詳しくは 13.4 節で説明する。

3.4.1 一般構造用圧延鋼材：JIS G 3101

一般構造用圧延鋼材は SS 材と呼ばれ，SS の後ろに引張強度の最小規格値を表示して示す。例えば，引張強度として最低 400 N/mm^2 が要求される鋼材は SS400 と呼ばれる。

JIS では SS330 から SS540 までの四つの強度レベルが規定されているが，市場に出回っているのは SS400 のみであり，SS 材といえば SS400 のことだと思ってよい。SS 材の機械的性質は，降伏強度と引張強度のみが規定されている。化学成分については，鋼材をもろくする恐れのある P，S の含有量を制限しているが，溶接性は考慮しておらず，C をはじめとする他の成分には規定がない。

3.4.2 溶接構造用圧延鋼材：JIS G 3106

溶接構造用圧延鋼材は SM 材と呼ばれる。SM 材では溶接性を確保するために C 量に上限を設けているほか，化学成分が細かく規定されている。JIS における SM 材の強度区分は 400，490，520，570 N/mm^2 であり，いずれのクラスの鋼材も使用される。SM490Y はやや特殊な位置付けにあり，降伏点が SM520 相当，引張強度が SM490 相当である。

SM 材では降伏強度，引張強度のほかに，シャルピー吸収エネルギーについても規定されている。A 材は規定なし，B 材は試験温度 0 °C で 27 J 以上，C 材は同じく 47 J 以上が要求される。これを区別するため，記号の最後にシャルピー吸収エネルギーによる区分をつけ，例えば SM400A などと称する。ただし，SM570 については A，B，C の区別がなく，一律に試験温度 −5 °C で 47 J 以上が要求される。

3.4.3 橋梁用高降伏点鋼板：JIS G 3140

2008 年以降に JIS に制定された鋼材で，SBHS 材と呼ばれる。SBHS 材の JIS 規格を**表 3.2** に示す。SBHS400，500，700 の 3 種類の強度水準が規定さ

表 3.2 橋梁用高降伏点鋼板の JIS 規格

記号	化学成分〔%〕									降伏点最小〔N/mm²〕	引張強度〔N/mm²〕	伸び*〔%〕	シャルピー吸収エネルギー〔J〕
	C	Si	Mn	P	S	Mo	V	B	N				
SBHS400	0.15以下	0.55以下	2.00以下	0.020以下	0.006以下	-	-	-	0.006以下	400	490~640	15~21	100以上(0℃)
SBHS500	0.11以下	0.55以下	2.00以下	0.020以下	0.006以下	-	-	-	0.006以下	500	570~720	19~26	100以上(-5℃)
SBHS700	0.11以下	0.55以下	2.00以下	0.015以下	0.006以下	0.60以下	0.05以下	0.005以下	0.006以下	700	780~930	16~24	100以上(-40℃)

* 伸びは板厚によって試験片が異なり，値の比較はできないので，おおよその範囲を示した.

れている。SBHS に続く数字は降伏点の最小規格値であり，引張強度の最小規格値はそれぞれ 490，570，780 N/mm² 以上であることから，SM 材でいえば高強度鋼に分類される鋼材である。高強度鋼ではあるが，溶接性が高められており，13.4.5 項で示す溶接時の予熱の省略または予熱温度の低減を可能としている。また，板厚によらず一定の降伏点となっていることも特徴である。

なお，鉄道橋設計標準では，最大板厚を 75 mm に制限しているほかは JIS 規格をそのまま使っている。道路橋示方書では最大板厚を 100 mm としているほか，板厚区分が少し異なっており，表 3.1 中の板厚 16 mm での区分をなくし，板厚 40 mm 以下の降伏強度をひとくくりとしている。また，鉄道橋設計標準でも道路橋示方書でも，SBHS700 は適用の対象から外している。

3.4.4 形 鋼

形鋼とは圧延時に所定の断面となるように成形された棒状の部材である。図 3.10 に示すように，断面の種類により山形鋼，溝形鋼，H 形鋼などがあり，それぞれについて JIS が定められている。形鋼は圧延時に成形されるため，継手は存在しない。しかしその大きさには限りがあり，例えば H 形鋼で最も大

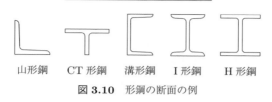

山形鋼　　CT 形鋼　　溝形鋼　　I 形鋼　　　H 形鋼

図 3.10 形鋼の断面の例

きなものは高さ 1 m 程度である。そのため，それ以上の断面が必要な場合には，ウェブ板およびフランジ板などを別々に用意し，それを溶接などによって組み立てる。

3.5 | 設計材料強度

　設計材料強度は強度の特性値を材料係数で除すことにより与えられる。JIS などの規格に適合する鋼材に対しては，強度の特性値は規格に示される保証範囲の下限値がとられる。例えば，表 3.1 に示した SM400 材で板厚 16 mm 以下の場合，降伏強度の特性値は 245 N/mm^2 であり，引張強度の特性値は 400 N/mm^2 である。

　設計引張強度 f_{ud} は，引張強度の特性値 f_{uk} を材料係数 γ_m で除すことにより求められ

$$f_{ud} = \frac{f_{uk}}{\gamma_m} \tag{3.4}$$

となる。土木学会標準示方書では $\gamma_m = 1.25$ が示されている。

　実際の設計では降伏強度を基準強度とする場合が多い。設計降伏強度 f_{yd} は，降伏強度の特性値 f_{yk} を材料係数 γ_m で除して求めればよい。

$$f_{yd} = \frac{f_{yk}}{\gamma_m} \tag{3.5}$$

これは引張降伏に対しても圧縮降伏に対しても同様である。材料係数として，土木学会標準示方書では $\gamma_m = 1.0$ が，鉄道橋設計標準では $\gamma_m = 1.05$ が与えられている。道路橋示方書では材料係数単独の形では与えられていない。

　せん断降伏強度の特性値 f_{vyk} は次式により与えられる。

$$f_{vyk} = \frac{f_{yk}}{\sqrt{3}} \tag{3.6}$$

これは，3.2.3 項で説明した理由によるものである。これを材料係数で除すことにより，設計せん断降伏強度 f_{vyd} が求められる。

$$f_{vyd} = \frac{f_{vyk}}{\gamma_m} \tag{3.7}$$

材料係数 γ_m は設計降伏強度を求める際のものと同じ値が用いられる。

演 習 問 題

〔**3.1**〕 長さ l_0 の棒をまず l_1 まで伸ばし，その後 l_2 まで伸ばすとき，それぞれの段階で生じる公称ひずみと真ひずみを計算し，真ひずみには加算性があることを確認せよ。

〔**3.2**〕 棒を引っ張って 2 倍の長さに伸ばしたときと，圧縮して半分の長さに縮めたときの公称ひずみと真ひずみを求めよ。

〔**3.3**〕 公称ひずみ 0.000 1, 0.001, 0.01, 0.1 に対応する真ひずみを求め，両者を比較せよ。

〔**3.4**〕 鋼材の降伏応力を 250 N/mm^2 とする。平面応力状態（$\sigma_z = \tau_{yz} = \tau_{zx}=0$）において，$\sigma_y = 100$ N/mm^2, $\tau_{xy} = 0$ N/mm^2 を保ったまま σ_x を増加させるとき，それがいくらになったら降伏が生じるか。

4章 引張を受ける部材の力学

◆本章のテーマ

　引張を受ける部材の種類と，その力学特性に関する留意点を述べる。また，引張を受ける部材の耐力の算定手法と設計照査法を説明する。引張部材の耐力は，設計強度に断面積を乗じることにより，比較的簡単に求めることができる。

◆本章を学ぶと以下の内容をマスターできます

☞　引張部材の力学特性
☞　ケーブルの種類と特性
☞　引張部材の設計法

4.1 引張部材とは

　部材軸方向に引張力を受ける細長い部材を引張部材という。引張部材には，トラスの弦材や斜材，下路アーチ橋の吊材などがあり，H 形断面や箱形断面を有する鋼部材が用いられる。また，吊構造においてはワイヤケーブルが用いられるが，これも引張部材として分類できる。斜張橋のメインケーブル，吊橋のメインケーブルやハンガーロープなどがこれに該当する。ケーブルはいわゆるピアノ線を所定の本数だけ束ねた部材であり，高い引張強度を有するが，圧縮力には抵抗できない。

4.2 応力集中の影響

　鋼部材にはさまざまな目的で孔があけられることが多い。例えば，ボルト孔，作業用のハンドホール，水抜き孔，検査用のマンホールなどである。孔をあける前の断面を**総断面**（gross section）といい，孔を差し引いた断面を**純断面**（net section）という。また，それぞれの断面積を総断面積，純断面積という。例えば，**図 4.1** に示すような円孔があけられた板の場合，総断面積は bt，純断面積

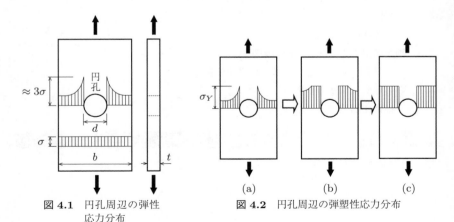

図 4.1　円孔周辺の弾性　　　　図 4.2　円孔周辺の弾塑性応力分布
　　　　　応力分布

は $(b-d)t$ である。

　孔があくなど，構造的に不連続な箇所では応力が一様な分布にならず，局所的に応力が高くなる現象が生じる。これを**応力集中**（stress concentration）という。円孔のあいた板の場合，材料が弾性体であるとすると，図 4.1 に示すように，純断面における応力は孔の縁において最大となり，もし孔径に対して板幅が十分に大きければ，その値は総断面積で計算される応力の 3 倍となる。

　しかし，鋼材には高い塑性変形性能があるため，応力集中は引張耐力に対してはほとんど影響を与えない。いま，鋼材が完全弾塑性体であるとする。**図 4.2**に引張荷重を増加させていった場合の円孔周辺での応力分布を示す。荷重の増加とともに，応力も大きくなり，孔の縁がまず降伏応力 σ_Y に達する（図 (a)）。その後の荷重の増加において，降伏した箇所ではそれ以上の応力負担はできないが，その外側はまだ弾性状態であるため，荷重の増加分は残りの弾性部分で負担できる（図 (b)）。最終的に，すべての断面の応力が降伏応力に達したときを断面の降伏とみなすことができるが（図 (c)），この状態は，初期の応力分布とは無関係である。そのため，応力集中が静的な引張耐力に与える影響はほとんどない。また，後述する溶接残留応力のように，鋼部材にはさまざまな要因により初期内部応力（無負荷の場合にも生じている応力）が生じるが，これらも同じメカニズムにより，引張耐力には影響を与えない。

　実構造部材にはさまざまな応力集中源が存在するが，以上の理由により引張耐力を算出する際にはその影響は考えなくてもよく，単純に純断面積を用いて耐力を求めればよい。ただし，応力集中源の存在により疲労強度は大きく低下する。これについては 12 章で述べる。

4.3 部材軸の偏心の影響

　引張部材の引張耐力は，断面に一様な引張応力が生じるとして計算されるのが通常であるが，部材の接合部においては複数の部材軸が一致するとは限らないため，単純に部材を引っ張った場合でも付加的な曲げが生じることがある。

例えば，**図 4.3** に示すように，板に山形鋼が連結された場合，板の図心と山形
鋼のそれとは一致していないため，山形鋼に引張力が加わると，連結部周辺で
は偏心による付加的な曲げが発生する。このような付加曲げは，本来は断面力
の算出の際に考慮するべきであるが，その都度偏心を考えて断面力を計算する
のは面倒である。そのため，設計においては，山形鋼の有効断面積を減じて引
張耐力を求める手法が用いられる。具体的には，**図 4.4** に示すように，山形鋼
の突出脚の 1/2 を断面積から差し引いて引張耐力を求めることとしている。山
形鋼が板の両側に対称に配置される場合など，偏心による付加曲げが生じない
ときには，このような措置は不要である。

図 4.3　部材軸の偏心による変形　　　　　図 4.4　山形鋼の有効断面

4.4　ケ　ー　ブ　ル

引張強度 $1\,600 \sim 1\,800\ \mathrm{N/mm^2}$ 以上の高い強度を有する鋼線（素線）を集
束した部材を**ケーブル**（cable）という。ケーブルは引張力にしか抵抗できない
が，強度が高く，部材長にほとんど制限がないことから，吊橋や斜張橋などの
吊形式構造物の主部材として用いられる。また，プレストレス材や架設工事用
資材としての利用も多い。

何本かの素線を扱いやすい太さに束ねたものを**ストランド**（strand）という。
中心の心線まわりに撚ったものをロープストランド，平行に束ねたものを平行
線ストランドという。さらに，必要な本数のストランドを束ねたものがケーブ
ルであり，その種類には**図 4.5** に示すようなものがある[5]。

ケーブルは多数の素線からなるため，素線間のかみ合わせが生じたり，素線
間の応力の不均衡が生じたりする。また，ロープケーブルにおいては素線の方
向がケーブルの方向と一致しない。そのため，ケーブルの引張強度は，素線の
引張強度の合計よりも小さくなる。この比を撚り効率という。また，同じ理由

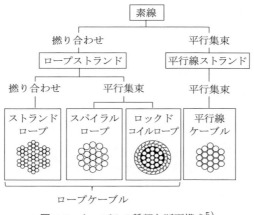

図 4.5　ケーブルの種類と断面構成[5]

により，弾性係数も鋼素材のそれより小さくなる。**表 4.1** に各種ケーブルの力学特性を示す。機械的性質の観点からは平行線ケーブルが最も優れており，続いてスパイラルロープ，ストランドロープの順となる。一方，施工のためには柔軟性のあるケーブルのほうが望ましいが，この順番は逆になる。

表 4.1　各種ケーブルの力学特性

ケーブルの種類	撚り効率	弾性係数〔N/mm^2〕
ストランドロープ	$0.80 \sim 0.85$	1.35×10^5
スパイラルロープ*	$0.90 \sim$	1.55×10^5
平行線ケーブル	$0.95 \sim 0.98$	1.95×10^5

* ロックドコイルロープを含む

　長支間の吊橋のメインケーブルには平行線ケーブルが用いられるのが一般的である。例えば明石海峡大橋のメインケーブルは，127 本の素線を束ねた平行線ストランドを 290 本集束し，外径約 112 cm に構成したケーブルが使用された。中小支間の吊橋のメインケーブルには，スパイラルロープが用いられることが多い。メインケーブルから橋桁を吊るすハンガーにはスパイラルロープやストランドロープが用いられる。

　ケーブルの内部には空隙が存在するため，防食が課題となる。素線は亜鉛メッキし，さらにケーブルの周囲をゴム系やプラスチック系の材料により被覆する

ことにより防食が行われる。さらに，ケーブルの内部に乾燥空気を送り込む対
策がとられることもある。

4.5 引 張 耐 力

　部材を軸方向に引っ張った場合の限界状態としてまず考えられるのは，鋼材
が降伏強度に達する場合である。もし部材全長にわたって断面が一定であれば，
理論的にはすべての箇所が同時に降伏に至り，変形が大きくなるため，もはや
部材としての機能が果たせなくなる。

　鋼部材に孔があけられた場合，純断面において応力が引張強度に達すれば，そ
こで破断が生じる。これがもう一つの限界状態である。もちろん，純断面にお
いては，破断に先立って降伏が生じるのであるが，一断面の降伏がただちに部
材全体の限界状態とはならないので，破断時を限界状態と考える。

　以上をまとめると，引張耐力 N_r は

$$N_r = A_n f_{ud}, \quad N_r = A_g f_{yd}$$

のうちの小さいほうとして与えられる。ここで A_n は純断面積，A_g は総断面積
である。また，f_{ud} は設計引張強度，f_{yd} は設計降伏強度であり，3.5 節により
与えられる。

　純断面での降伏を限界状態とする考え方もあり，道路橋示方書や鉄道橋設計
標準ではこれを採用している。この場合，引張耐力は次式で求められる。

$$N_r = A_n f_{yd}$$

4.6 軸方向引張力を受ける部材の設計

4.6.1 土木学会標準示方書の方法

土木学会標準示方書では，設計引張耐力 N_{rd} は

$$N_{rd} = \frac{A_n f_{ud}}{\gamma_b}, \quad N_{rd} = \frac{A_g f_{yd}}{\gamma_b} \tag{4.1}$$

のうちの小さいほうとして与えている。γ_b は部材係数であり，$\gamma_b = 1.0$ が示されている。

この設計軸方向引張耐力 N_{rd} と，部材に作用する設計軸方向引張力 N_{sd} により，軸方向引張力を受ける部材の安全性の照査は次式で行われる。

$$\gamma_i \frac{N_{sd}}{N_{rd}} \leqq 1.0 \tag{4.2}$$

ここで，γ_i は構造物係数である。

4.6.2　鉄道橋設計標準の方法

鉄道橋設計標準では純断面での降伏を基準としており，設計軸方向引張耐力は

$$N_{rd} = \frac{A_n f_{yd}}{\gamma_b} \tag{4.3}$$

となる。部材係数 γ_b は，引張強度が $520\ \mathrm{N/mm^2}$ 以下の鋼材に対しては 1.05，$570\ \mathrm{N/mm^2}$ 級では 1.1，それ以上では別途定めるものとしている。これは，高強度鋼では降伏比が高く，降伏から破断までの余裕が少ないことを考慮したためである。照査式は式 (4.2) と同じである。

4.6.3　道路橋示方書の方法

道路橋示方書でも純断面での降伏を限界とし，純断面積を用いて算出した軸方向引張応力度が，つぎに示す制限値（設計強度の意味）σ_{tud} を超えないことを確認する。

$$\sigma_{tud} = \xi_1 \cdot \xi_2 \cdot \Phi_R \cdot f_{yk} \tag{4.4}$$

ここで，f_{yk} は降伏強度の特性値，Φ_R は抵抗係数，ξ_1 は調査・解析係数，ξ_2 は部材・構造係数である。

4.7　引張部材に関する留意点

設計計算上は照査式を満足していても，あまりに薄い板，細長い部材などを用いると，設計で想定していなかった不具合が生じることがある。これを避けるために，部材の形状などに対して経験的に仕様を定めることがあり，これを構造細目という。

引張部材の場合でいえば，部材が細くなりすぎると，設計では想定していなかった振動が生じ，騒音や疲労損傷の原因となることが考えられる。また，部材が細長いと，運搬中に損傷が生じる恐れも大きくなる。そのため，道路橋示方書や鉄道橋設計標準では，**表 4.2** に示すように部材の細長比[†]の最大値を制限している。ここで，主要部材とは主桁，横桁，縦桁などの主構造と床組をいい，二次部材とは主要部材以外の二次的な機能を持つ部材をいう。

表 4.2　引張部材の細長比制限

	部材	細長比 (l/r)
道路橋示方書	主要部材	200
	二次部材	240
鉄道橋設計標準	－	200

演 習 問 題

〔**4.1**〕 図 4.1 において $b = 200$ mm，$d = 50$ mm，$t = 10$ mm とする。鋼種を SM490Y としたとき，土木学会標準示方書に従ってこの板の設計引張耐力を求めよ。

〔**4.2**〕 〔4.1〕において，鉄道橋設計標準に従って設計引張耐力を求めよ。

〔**4.3**〕 〔4.1〕に示した板に 400 kN の設計引張力が作用するとき，道路橋示方書に従って設計照査を行え。

[†]　部材の「細長さ」を示す指標である。5.1.2 項を参照。

5章 圧縮を受ける部材の力学

◆本章のテーマ

　圧縮を受ける部材では，座屈に対する安全性を十分に確保することが重要となる。本章では，柱，平板（無補剛板），補剛板の順で，座屈に関する理論的考察や座屈耐荷力の考え方について説明する。最後に，圧縮を受ける部材の設計耐力の求め方と，照査手法について紹介する。

◆本章の構成（キーワード）

5.1　柱の座屈
　　　オイラー座屈，細長比，細長比パラメータ，有効座屈長

5.2　平板（無補剛板）の座屈
　　　幅厚比，幅厚比パラメータ，後座屈強度

5.3　補剛板の座屈
　　　補剛材，必要最小剛比，有効補剛材

5.4　全体座屈と局部座屈の連成
　　　幅厚比制限，積公式，Q ファクター法

5.5　軸方向圧縮力を受ける部材の設計
　　　設計圧縮耐力，低減係数

5.6　圧縮部材の留意点
　　　細長比制限，初期変形

◆本章を学ぶと以下の内容をマスターできます

☞　弾性座屈

☞　非弾性座屈

☞　全体座屈と局部座屈

☞　圧縮部材の設計法

5.1 柱 の 座 屈

軸方向に圧縮力を受ける棒状の部材を**圧縮部材**または**柱**（column）という。圧縮部材には，トラスの弦材や斜材，アーチ部材，橋脚，主塔などがある。

柱断面の図心に圧縮力が加わった場合，短い柱においては断面の降伏により耐荷力が決まる。長い柱では，ある荷重となったときに，それが降伏荷重よりかなり低くても，突然**図 5.1** に示すように荷重の作用方向と直交した方向に変位が生じ，それ以上荷重が増やせなくなる。この現象を**座屈**（buckling）という。

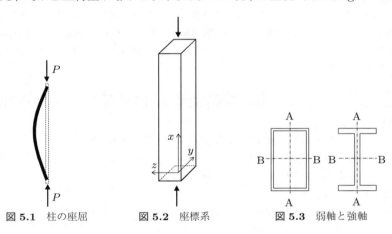

図 5.1　柱の座屈　　　　図 5.2　座標系　　　　図 5.3　弱軸と強軸

図 5.2 のように，ここでは柱の長手方向に x 軸をとることとする。座屈による変形が y 軸と z 軸のどちらの方向に生じるかは，断面形状や境界条件によって異なる。断面主軸のうち，その軸まわりの座屈強度が大きい軸を強軸，他方を弱軸という。y 軸方向と z 軸方向の境界条件が同一ならば，強軸，弱軸は断面形状のみによって定まり，その軸まわりの断面二次モーメントが大きいほうが強軸となる。例えば**図 5.3** に示す断面の場合，A-A が弱軸，B-B が強軸である。ここでは，y 軸が弱軸，z 軸が強軸であるとしよう。座屈による変形（たわみ）は z 軸方向の変位となるので，それを w と表すこととする。

5.1.1　弾性座屈荷重

　座屈して曲がった状態の部材の微小要素 dx を取り出すと，図 **5.4** のように
なる。ただし，図は変位を拡大して書いてあるが，あくまでも座屈が発生した
瞬間の，変位が微小なうちの変形を考える。水平方向の力のつり合いより

$$V - \left(V + \frac{dV}{dx}dx\right) = 0$$

が得られ，上端の中立軸位置まわりのモーメントのつり合いより

$$\left(M + \frac{dM}{dx}dx\right) - M - P\frac{dw}{dx}dx - Vdx = 0$$

が得られる。両式を整理すると

$$\frac{dV}{dx} = 0, \quad \frac{dM}{dx} - P\frac{dw}{dx} - V = 0 \tag{5.1}$$

となり，これより V を消去すると

$$\frac{d^2M}{dx^2} - P\frac{d^2w}{dx^2} = 0$$

となる。これに曲げモーメントとたわみの関係

$$EI_y\frac{d^2w}{dx^2} = -M$$

を代入すれば，支配方程式として

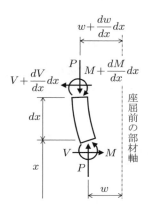

図 5.4　微小要素のつり合い

$$EI_y \frac{d^4 w}{dx^4} + P \frac{d^2 w}{dx^2} = 0 \tag{5.2}$$

が導かれる。ここで，I_y は y 軸まわりの断面二次モーメントである。上式は

$$\alpha^2 = \frac{P}{EI_y} \tag{5.3}$$

とおけば

$$\frac{d^4 w}{dx^4} + \alpha^2 \frac{d^2 w}{dx^2} = 0$$

となる。この微分方程式の一般解は

$$w = A \sin \alpha x + B \cos \alpha x + Cx + D \tag{5.4}$$

である。$A \sim D$ は積分定数であり，上下端の支持条件から定められる。各種支持条件の数式表現を表 5.1 に示しておく。また，のちの計算のために，たわみの 2 階微分を求めておくと

$$\frac{d^2 w}{dx^2} = -A\alpha^2 \sin \alpha x - B\alpha^2 \cos \alpha x \tag{5.5}$$

である。

表 5.1 支持条件の数式表現

固定端		たわみ $w = 0$, たわみ角 $\dfrac{dw}{dx} = 0$
ヒンジ		たわみ $w = 0$, 曲げモーメント $\dfrac{d^2 w}{dx^2} = 0$
自由端		曲げモーメント $\dfrac{d^2 w}{dx^2} = 0$, せん断力* $EI\dfrac{d^3 w}{dx^3} + P\dfrac{dw}{dx} = 0$

 * 式 (5.1) で $V = 0$ より求められる。

さて，図 5.5 に示すように，上下端ともヒンジ（ピン支持）で長さ l の柱について考える。表 5.1，式 (5.4), (5.5) を参照して

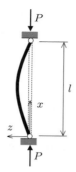

図 5.5 両端ピン支持の柱

$$x = 0 \text{ で } w = 0 \quad \text{より } B + D = 0$$
$$x = 0 \text{ で } \frac{d^2 w}{dx^2} = 0 \text{ より } -B\alpha^2 = 0$$
$$x = l \text{ で } w = 0 \quad \text{より } A \sin\alpha l + B \cos\alpha l + Cl + D = 0$$
$$x = l \text{ で } \frac{d^2 w}{dx^2} = 0 \text{ より } -A\alpha^2 \sin\alpha l - B\alpha^2 \cos\alpha l = 0$$

$$(5.6)$$

となる。この連立方程式が $w = 0$ 以外の解を持つには，係数行列式が

$$
\begin{vmatrix}
0 & 1 & 0 & 1 \\
0 & -\alpha^2 & 0 & 0 \\
\sin\alpha l & \cos\alpha l & l & 1 \\
-\alpha^2 \sin\alpha l & -\alpha^2 \cos\alpha l & 0 & 0
\end{vmatrix}
= 0
$$

の条件を満足しなければならない。これを展開すると

$$\sin\alpha l = 0 \quad \text{あるいは} \quad \alpha l = n\pi \quad (n = 1, 2, 3, \cdots) \tag{5.7}$$

が得られる。α を元に戻すと

$$P = \frac{n^2 \pi^2 E I_y}{l^2}$$

となる。すなわち，このような荷重となった場合にのみ，柱は曲がった状態でつり合い状態になる。n は無数にあるが，このうち最も小さい荷重を与えるのは $n = 1$ の場合であるので，その際の荷重

$$P_E = \frac{\pi^2 E I_y}{l^2} \tag{5.8}$$

をオイラー（Euler）の**座屈荷重**（buckling load）あるいは弾性座屈荷重と呼ぶ。

　また，式 (5.6) を観察すると非ゼロの係数は A のみであることがわかり，$n = 1$ に対応する座屈形状（座屈モード）は

$$w = A \sin \alpha x = A \sin \frac{\pi x}{l}$$

と正弦波の半波となる。

　特に両端がピン支持の場合には問題は簡単であり，つぎのように考えることもできる。支配方程式は**図 5.6** を参照して

$$-M + Pw = EI_y \frac{d^2 w}{dx^2} + Pw = 0 \tag{5.9}$$

となる。式 (5.3) に示す α を用いれば

$$\frac{d^2 w}{dx^2} + \alpha^2 w = 0 \tag{5.10}$$

が得られる。この微分方程式の一般解は

$$w = A \sin \alpha x + B \cos \alpha x \tag{5.11}$$

となる。これに $x = 0,\ x = l$ において $w = 0$ なる境界条件を代入すれば，式 (5.7) が得られる。

図 5.6　両端ピン支持の柱の
　　　　　力のつり合い

5.1.2　細長比パラメータ

　オイラーの座屈荷重を柱の断面積 A で割れば，座屈が生じるときの応力が求められる。すなわち

$$\sigma_E = \frac{\pi^2 EI_y}{Al^2} \tag{5.12}$$

である。これをオイラーの**座屈応力**（buckling stress）という。ここで，λ を
つぎのように定義する。

$$\lambda = \frac{l}{r} \tag{5.13}$$

$r = \sqrt{I_y/A}$ であり，これを**断面二次半径**（radius of gyration）と呼ぶ。また，
λ を**細長比**（slenderness ratio）という。細長比を用いると，座屈応力は

$$\sigma_E = \frac{\pi^2 E}{\lambda^2} \tag{5.14}$$

と表すことができる。座屈応力は細長比の 2 乗に反比例し，両者の関係は**図 5.7**
の破線のようになる。

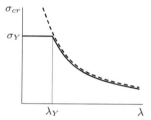

図 5.7 細長比と座屈応力の関係

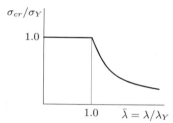

図 5.8 柱の耐荷力曲線の無次元表示

　式 (5.14) によれば，座屈応力は細長比が小さくなれば無限に大きくなる。し
かし，実際には鋼材の降伏が生じるから，そのようなことはあり得ない。いま
鋼材が完全弾塑性体であるとし，降伏応力を σ_Y とすると，応力はそれ以上に
はなり得ないから，圧縮強度 σ_{cr} は図 5.7 の実線のように，λ_Y（$= \pi\sqrt{E/\sigma_Y}$）
を境にして異なる二つの曲線によって表されることになる。

　図 5.7 は鋼材の降伏強度によって異なるので，縦軸を降伏応力 σ_Y で，横軸
を λ_Y で除せば，**図 5.8** に示すような鋼種によらない表示ができ，便利である。
ここで横軸は

$$\bar{\lambda} = \frac{\lambda}{\lambda_Y} = \frac{\lambda}{\pi}\sqrt{\frac{\sigma_Y}{E}} = \sqrt{\frac{\sigma_Y}{\sigma_E}} \tag{5.15}$$

で表され，$\overline{\lambda}$ は**細長比パラメータ**（slenderness parameter）と呼ばれる。また，この図に示される曲線は次式で表される。

$$\frac{\sigma_{cr}}{\sigma_Y} = \begin{cases} 1.0 & (\overline{\lambda} \leq 1.0) \\ 1/\overline{\lambda}^2 & (\overline{\lambda} > 1.0) \end{cases} \tag{5.16}$$

5.1.3　有 効 座 屈 長

これまでは両端がピン支持の柱について考えたが，異なる支持条件の柱についても同じように考えることができる。当然のことながら支持条件に応じて座屈荷重は異なるが，その差は柱の長さを調整することで表されることが多い。つまり，式 (5.8) の l の代わりに

$$l_k = kl \tag{5.17}$$

とし，支持条件に応じた k の値を与えることで，さまざまな支持条件での座屈荷重が同一の式で求められる。この l_k を**有効座屈長**（effective length）という。代表的な支持条件の柱に対する係数 k の値を**表 5.2** に示す[5]。

表 5.2　有効座屈長 $l_k = kl$ の係数 k

座屈モード				
支持条件	上端	固定	ピン	ピン	自由
	下端	固定	固定	ピン	固定
k		0.5	0.7	1.0	2.0

例えば，両端固定支持の柱においては，有効座屈長として $l/2$ をとり，これを用いて式 (5.8) により座屈荷重を計算すればよい。これは表 5.2 に見られる

ように，両端ピン支持の柱の座屈モードが，両端固定支持の柱の中央部のそれ
と同様であることからも理解できる。

　実構造部材の端部は他の部材と結合されていることが多く，その場合，端部
の境界条件はピン支持と固定支持の中間的なものとなる。圧縮部材はトラス，
ラーメン，アーチなど多くの構造物に見ることができるが，これらの部材の有
効座屈長の取り方は設計基準類で細かく規定されている。一例として，トラス
の圧縮部材における有効座屈長の取り方を**図 5.9** に示す。これは鉄道橋設計標
準[3] に示されている例である。

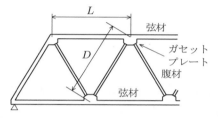

部材	有効座屈長
弦材	骨組長さ（格点間距離）L
腹材（主構面外）	骨組長さ（格点間距離）D
腹材（主構面内）	骨組長さの 0.9 倍　$0.9D$

図 5.9　トラス部材の有効座屈長[3]

5.1.4　不完全さのある柱

　これまでは完全にまっすぐな柱の図心位置に荷重が作用するという理想的な
場合について考えてきたが，実際の部材をそのように製作することはできない
し，荷重が図心位置に作用するとも限らない。このような場合，一般に座屈強
度は小さくなる。

　図 5.10 に示すように，初期たわみのある両端ヒンジの柱を考える。簡単の
ために，初期たわみ w_0 が正弦波の半波の

$$w_0 = a \sin \frac{\pi x}{l} \tag{5.18}$$

で表されるものとする。これに圧縮荷重 P が作用して，新たにたわみ w が生
じたとすると，支配方程式は式 (5.9) を参考にして

$$EI_y \frac{d^2 w}{dx^2} + P(w_0 + w) = 0 \tag{5.19}$$

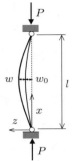

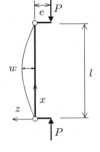

図 **5.10** 初期たわみのある柱   図 **5.11** 荷重の偏心のある柱

となる。式 (5.3) に示した α を用いると，この微分方程式の一般解は

$$w = A\sin\alpha x + B\cos\alpha x + \frac{P}{P_E - P}w_0$$

となる。ここで，P_E はオイラーの座屈荷重である。$x = 0$，$x = l$ において $w = 0$ の境界条件を適用すると，$A = B = 0$ であることがわかり

$$w = a\frac{P}{P_E - P}\sin\frac{\pi x}{l}$$

となる。柱中央における最大たわみは，$x = l/2$ を代入して

$$w_c = a\frac{P}{P_E - P} \tag{5.20}$$

と得られる。

　つぎに，**図 5.11** に示すように，図心位置から z 方向に $-e$ だけ偏心した圧縮荷重を受ける，両端ヒンジのまっすぐな柱について考える。支配方程式は

$$EI_y\frac{d^2w}{dx^x} + P(w + e) = 0$$

となる。式 (5.3) に示した α を用いると，一般解は

$$w = A\sin\alpha x + B\cos\alpha x - e$$

と得られ，これに $x = 0$，$x = l$ において $w = 0$ の境界条件を適用すると

$$w = e \left\{ \frac{\sin \alpha(l - x) + \sin \alpha x}{\sin \alpha l} - 1 \right\}$$

となる。最大たわみは $x = l/2$ を代入して

$$w_c = e \left(\sec \frac{\alpha l}{2} - 1 \right)$$

となる。さらに

$$\cos \frac{\alpha l}{2} \simeq 1 - \frac{1}{2} \left(\frac{\alpha l}{2} \right)^2 = 1 - \frac{P}{8EI_y/l^2} \simeq 1 - \frac{P}{P_E}$$

が成り立つと仮定すると

$$w_c = e \frac{P}{P_E - P} \tag{5.21}$$

と表すことができる。

図 **5.12** に不完全さがある柱の荷重-たわみ関係を示す。初期たわみや荷重の偏心がある場合には，荷重がオイラーの座屈荷重に近づくにつれ，たわみが急激に大きくなる。また，初期たわみまたは偏心量が大きいほど，荷重が小さい段階からたわみが急増することになる。

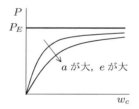

図 **5.12** 不完全さがある柱の荷重-たわみ関係

5.1.5 残留応力の影響

オイラーの座屈荷重の式には弾性係数 E が含まれており，応力とひずみが線形関係にあることが前提となっている。初期において部材が無応力の状態であれば，外力によって生じる応力が降伏応力に達しない限り柱は弾性体であるので，オイラーの座屈荷重も正当性を持つ。しかし，実際の部材には溶接や加工によって初期残留応力が存在していることが多い。この場合，外力による応力

が降伏応力に達する前に，断面の一部に塑性化が生じるため，オイラーの座屈荷重は理論上使えなくなる。

このように，断面全体が降伏応力に達する以前にその一部に塑性化が生じ，応力とひずみの線形関係が成り立たなくなった場合の座屈を，**非弾性座屈**（inelastic buckling）という。

非弾性座屈を取り扱う理論の一つに**接線係数理論**（tangent modulus theory）がある[6]。これは非線形領域における応力－ひずみ曲線の勾配を接線係数 $E_t = d\sigma/d\varepsilon$ とし，これを E の代わりに用いるものである。すなわち

$$\sigma_{cr,t} = \frac{\pi^2 E_t}{\lambda^2} \tag{5.22}$$

である。この手法の概念を**図 5.13** に示す。図に示されるように，非弾性座屈においては，圧縮強度は降伏強度や弾性座屈強度よりも低下する。

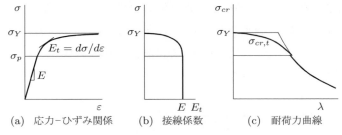

(a)　応力－ひずみ関係　　(b)　接線係数　　(c)　耐荷力曲線

図 5.13　接線係数理論

一般に残留応力の大きさは断面内の位置ごとに異なるため，接線係数も場所によって異なる。また，実際に残留応力を知ることも難しい。そこで，短柱に対する圧縮実験や数値解析などにより部材全体の荷重－変位関係を求め，それを図 5.13 (a) のように取り扱って座屈荷重を求めることが行われる。

例として**図 5.14** に示すような H 形断面柱と，残留応力分布を考える[6]。簡単のため，ウェブの残留応力はないものとし，材料は完全弾塑性体とする。圧縮荷重が作用すると，それによる一様な圧縮応力が残留応力に付加され，ついには圧縮残留応力が最も大きいフランジ端部が降伏する。さらに荷重を増加さ

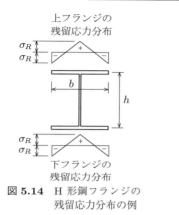

図 5.14 H 形鋼フランジの
残留応力分布の例

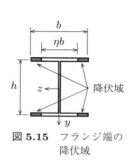

図 5.15 フランジ端の
降伏域

せると，すでに降伏した箇所では降伏応力以上の応力は負担できないので，**図 5.15** に示すように，フランジの内部に塑性領域が広がっていく。フランジのうち，弾性域にある領域の割合を η とし，断面全体，弾性域で残っている領域，降伏した領域の断面二次モーメントをそれぞれ I, I_e, I_p としよう。応力-ひずみ関係の傾きは，弾性域では E であり，塑性域では 0 であるから，一部が塑性化したのちの断面全体での曲げ剛性 $\overline{EI}$ は

$$\overline{EI} = EI_e + 0 \cdot I_p = EI_e \tag{5.23}$$

となり，接線係数に相当する値が $\overline{E} = EI_e/I$ として求められる。例えば z 軸まわりについてこれを具体的に計算してみると

$$\overline{E} = E\frac{I_e}{I} = E\frac{2t_f\eta b(h/2)^2}{2t_f b(h/2)^2} = E\eta \tag{5.24}$$

となる。ただし t_f はフランジ厚であり，ウェブの寄与は無視した。これをオイラーの座屈応力の式 (5.14) の E の代わりに用いて座屈荷重を計算することができる。

　この式を用いるにあたっては，荷重（または平均応力）と η の関係を求めておく必要がある。前述のように，これは短柱に対する圧縮試験や数値解析などにより求められる。図 5.14 に示す例題の場合には応力と η の関係は簡単に求めることができて，z 軸まわりについてはつぎのようになる[7]。

$$\sigma = \sigma_Y - \sigma_R \eta^2 \tag{5.25}$$

ここで，σ_R は図 5.14 に示す圧縮残留応力である。これを η について解き，式 (5.24) に代入すれば

$$\overline{E} = E \sqrt{\frac{\sigma_Y - \sigma}{\sigma_R}} \tag{5.26}$$

となる。これにより座屈曲線が**図 5.16** のように求められる。

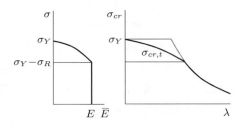

図 5.16　接線係数の考え方を
　　　　　用いて求めた座屈曲線

接線係数理論は理論的な不完全さはあるものの，座屈強度の下限値を与えるとされ，実験結果との適合もよいため，よく用いられる。非弾性座屈を取り扱う理論には，このほかにも換算係数理論，Shanley 理論などがある[6]。

5.1.6　柱 の 耐 荷 力

柱の耐荷力は，前項までに述べたようなさまざまな原因により弾性座屈荷重には達しない。そのため，部材が実際にどの程度の座屈耐荷力を有しているかの確認は，実験によらざるを得ない。これまでに膨大な数の実験が行われており，その結果を基に，多くの耐荷力曲線が提案されている。

圧縮耐荷力は，強度または耐力を降伏値で無次元化して，σ_{cr}/σ_Y または N_{cr}/N_Y と表すことが多い。ここで，σ_{cr} は圧縮強度，σ_Y は降伏強度，N_{cr} （$=\sigma_{cr} A_g$）は圧縮耐力，N_Y （$=\sigma_Y A_g$）は降伏耐力，A_g は断面積である。

土木学会標準示方書では，圧縮に対する耐荷力曲線をつぎの関数

$$\frac{N_{cr}}{N_Y} = \begin{cases} 1.0 & (\overline{\lambda} \leq \overline{\lambda}_0) \\[2mm] \dfrac{\beta - \sqrt{\beta^2 - 4\overline{\lambda}^2}}{2\overline{\lambda}^2} & (\overline{\lambda} > \overline{\lambda}_0) \end{cases} \tag{5.27a}$$

$$\beta = 1 + \alpha(\overline{\lambda} - \overline{\lambda}_0) + \overline{\lambda}^2 \tag{5.27b}$$

で与えている。ここで $\overline{\lambda}$ は細長比パラメータである。$\overline{\lambda}_0$ は曲線の折れ点に相当する細長比パラメータであり,限界細長比パラメータと呼ばれる。α は定数である。

　土木学会標準示方書で示されている柱の耐荷力曲線を**表 5.3** および**図 5.17**に示す。これらは福本ら[8]によるデータベースの分析結果に基づいて提案されたものであり,多くの実験結果の下限に相当するものであると考えてよい。

表 5.3　土木学会標準示方書における柱の耐荷力曲線のパラメータ

グループ	α	$\overline{\lambda}_0$	適用断面
1	0.089	0.2	鋼管,圧延箱形,溶接箱形,圧延 I 形
2	0.224	0.2	溶接 I 形(フランジ厚 $\leqq$ 40 mm),T,C,L 形
3	0.432	0.2	溶接 I 形(フランジ厚 > 40 mm),その他

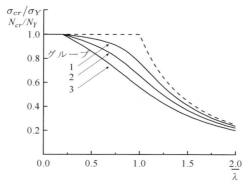

図 5.17　土木学会の柱の耐荷力曲線

　道路橋示方書や鉄道橋設計標準では設計の便を考慮し,比較的簡易な耐荷力曲線を用いることとしており,圧縮を受ける柱に対して**表 5.4** に示す耐荷力曲線を与えている。これらを,土木学会標準示方書のグループ 3 の曲線と合わせて**図 5.18** に示す。道路橋示方書では,溶接箱断面の場合とそれ以外の場合の 2 本の耐荷力曲線を与えており,前者はグループ 3 の曲線よりもやや上側にあり,後者はグループ 3 の曲線とほぼ同じである。鉄道橋設計標準ではこれらよ

表 5.4 道路橋，鉄道橋の柱の耐荷力曲線

道路橋示方書	溶接箱形断面以外の場合 $$\frac{\sigma_{cr}}{\sigma_Y} = \begin{cases} 1.0 & (\overline{\lambda} \leq 0.2) \\ 1.109 - 0.545\overline{\lambda} & (0.2 < \overline{\lambda} \leq 1.0) \\ 1.0/(0.773 + \overline{\lambda}^2) & (1.0 < \overline{\lambda}) \end{cases}$$ 溶接箱形断面の場合 $$\frac{\sigma_{cr}}{\sigma_Y} = \begin{cases} 1.0 & (\overline{\lambda} \leq 0.2) \\ 1.059 - 0.258\overline{\lambda} - 0.19\overline{\lambda}^2 & (0.2 < \overline{\lambda} \leq 1.0) \\ 1.427 - 1.039\overline{\lambda} + 0.223\overline{\lambda}^2 & (1.0 < \overline{\lambda}) \end{cases}$$
鉄道橋設計標準	$$\frac{N_{cr}}{N_Y} = \begin{cases} 1.0 & (\overline{\lambda} \leq 0.1) \\ 1.0 - 0.53(\overline{\lambda} - 0.1) & (0.1 < \overline{\lambda} \leq \sqrt{2}) \\ 1.7/(2.8\overline{\lambda}^2) & (\sqrt{2} < \overline{\lambda}) \end{cases}$$

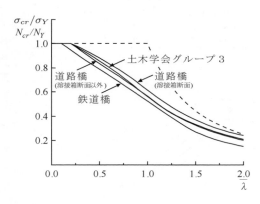

図 5.18 道路橋，鉄道橋の柱の耐荷力曲線

りもさらに低い耐荷力曲線を与えている。

5.2 平板（無補剛板）の座屈

鋼構造部材は薄肉の板要素により構成されているので，柱部材全体としては座屈耐荷力に達していないのに，**図 5.19** に示すように板だけが局部的に座屈し，部材全体としての耐荷力が失われることがある。柱部材としての座屈を**全体座屈**（global buckling），板要素の部分的な座屈を**局部座屈**（local buckling）と呼ぶ。

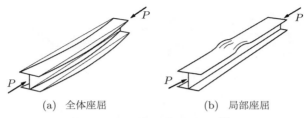

(a)　全体座屈　　　　　　　　　(b)　局部座屈

図 **5.19**　全体座屈と局部座屈[5]

5.2.1　平板の弾性座屈強度

図 **5.20** に示すように，4 辺単純支持の長方形平板が x 方向に一様な圧縮応力 σ を受けている場合を考える。この板に対する支配方程式は

$$D \left(\frac{\partial^4 w}{\partial x^4} + 2 \frac{\partial^4 w}{\partial x^2 \partial y^2} + \frac{\partial^4 w}{\partial y^4} \right) + \sigma t \frac{\partial^2 w}{\partial x^2} = 0 \tag{5.28}$$

で与えられる[9]。ここで，D は単位幅当りの板の曲げ剛性であり，つぎのように表される。

$$D = \frac{Et^3}{12(1 - \nu^2)}$$

t は板厚，E は弾性係数，ν はポアソン比である。

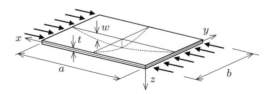

図 **5.20**　一様圧縮を受ける 4 辺支持板

式 (5.28) の解は

$$w(x, y) = A \sin \frac{m\pi x}{a} \sin \frac{n\pi y}{b} \quad (m, n = 1, 2, 3, \cdots) \tag{5.29}$$

で与えられる。式からわかるように，m と n は x 方向および y 方向の波の数を表している。m と n を変えた場合の座屈モードの例を図 **5.21** に示す。

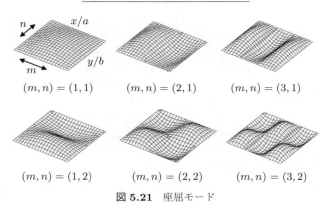

$(m, n) = (1, 1)$　　　$(m, n) = (2, 1)$　　　$(m, n) = (3, 1)$

$(m, n) = (1, 2)$　　　$(m, n) = (2, 2)$　　　$(m, n) = (3, 2)$

図 **5.21**　座屈モード

式 (5.29) を式 (5.28) に代入すると，つぎのように板の弾性座屈応力が求まる。

$$\sigma_E = \frac{\pi^2 D}{b^2 t}\left(m\frac{b}{a} + \frac{n^2}{m}\frac{a}{b}\right)^2 \quad (m, n = 1, 2, 3, \cdots) \tag{5.30}$$

これらのうち，重要なのは最も小さい解である。n については $n = 1$，すなわち幅方向に正弦波半波の波が生じるときに σ_E は最小となり，このとき

$$\sigma_E = \frac{\pi^2 D}{b^2 t}\left(m\frac{b}{a} + \frac{1}{m}\frac{a}{b}\right)^2 \tag{5.31}$$

である。ここで

$$k = \left(m\frac{b}{a} + \frac{1}{m}\frac{a}{b}\right)^2 \tag{5.32}$$

とおいて整理すると

$$\sigma_E = k\frac{\pi^2 D}{b^2 t} = k\frac{\pi^2 E}{12(1 - \nu^2)}\frac{1}{(b/t)^2} \tag{5.33}$$

となる。k は**座屈係数** (buckling coefficient)，b/t は**幅厚比** (width-to-thickness ratio) と呼ばれる。柱の弾性座屈応力が細長比の 2 乗に反比例したように，板の弾性座屈応力は幅厚比の 2 乗に反比例する。

さて，座屈係数はどのようなときに最小となるであろうか。座屈係数は m と a/b の関数なので，m を固定し，横軸に a/b をとって k との関係を示したものが**図 5.22** である。図からわかるように，$a/b = m$ となるときに座屈係数は極

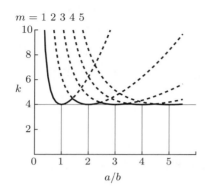

図 **5.22** a/b と k の関係

表 **5.5** 長方形平板の座屈係数（$\alpha = a/b$）

荷 重	支持条件	説明図	座屈係数
圧 縮	4辺単純支持		$k = \left(\dfrac{m}{\alpha} + \dfrac{\alpha}{m}\right)^2$ $m = 1, 2, 3, \cdots$ $k \cong 4.0$ （α が大きい場合）
	2辺固定 2辺単純支持		$k \cong 7.0 (\alpha > 0.66)$ $k = 2.366 + 5.3\alpha^2 + \dfrac{1}{\alpha^2}$ （$\alpha \leq 0.66$）
	3辺単純支持 1辺自由		$k \cong 0.425 + \dfrac{1}{\alpha^2}$
曲 げ	4辺単純支持		$k \cong 23.9 \left(\alpha > \dfrac{2}{3}\right)$ $k = 15.87 + \dfrac{1.87}{\alpha^2} + 8.6\alpha^2$ $\left(\alpha \leq \dfrac{2}{3}\right)$
せん断	4辺単純支持		$k = 5.34 + \dfrac{4.00}{\alpha^2} \ (\alpha > 1)$ $k = 4.00 + \dfrac{5.34}{\alpha^2} \ (\alpha \leq 1)$

小値 4 をとる。m は x 方向の正弦波半波の数を表しているので，$a/b = m$ という ことは x, y 方向の座屈波形の波長が等しいことを意味している。

以上は板の支持条件が 4 辺単純支持の場合について示してきたが，異なる支持条件や荷重条件においては，表 5.5 に示すような座屈係数を用いればよいことがわかっている[5]。

5.2.2　幅厚比パラメータ

細長比パラメータを定義したのと同様に，弾性座屈応力が降伏応力に一致するときの幅厚比

$$\left(\frac{b}{t}\right)_Y = \pi \sqrt{\frac{k}{12(1-\nu^2)}} \sqrt{\frac{E}{\sigma_Y}} \tag{5.34}$$

で幅厚比を除した値，すなわち

$$R = \frac{1}{\pi} \sqrt{\frac{12(1-\nu^2)}{k}} \sqrt{\frac{\sigma_Y}{E}} \frac{b}{t} = \sqrt{\frac{\sigma_Y}{\sigma_E}} \tag{5.35}$$

を幅厚比パラメータ（width-to-thickness ratio parameter）と呼ぶ。これを横軸にとり，縦軸には降伏応力で無次元化した応力をとれば，図 5.23 に示すように無次元化された板の耐荷力曲線が得られる。

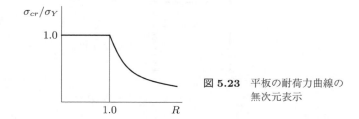

図 5.23　平板の耐荷力曲線の無次元表示

5.2.3　平板の座屈強度に影響を与える因子

柱の場合と同様に，初期不整は平板の座屈強度を低下させる。また，圧縮残留応力が存在すると座屈強度が低下する点も柱の場合と同様である。

　しかし，平板の座屈においては，図 5.21 を見てもわかるとおり，圧縮力が作用しない側辺においても板が支持されているため，幅方向の位置によって応力状態が大きく異なる。これを模式的に表したものが**図 5.24** である。中央部では座屈応力程度であるが，周辺部ではそれ以上の応力を負担できるため，板全体の座屈強度が先に示したものよりも大きくなることがある。これを**後座屈強度**（post-buckling strength）という。幅厚比が小さく，座屈応力が高い場合には，座屈が生じた際の中央部分の応力がすでに降伏応力に近づいているため，後座屈強度はあまり期待できない。そのため，後座屈強度は幅厚比が大きい平板ほど大きくなる。

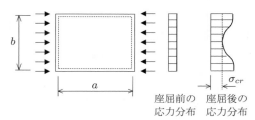

座屈前の　座屈後の
応力分布　応力分布

図 5.24　平板の応力分布

　反対に非常に幅厚比が小さい場合には，ひずみ硬化によって座屈強度が上昇することが確認されている。この現象が見られる幅厚比パラメータは，支持条件などによっても異なるが，0.45 〜 0.6 程度以下の領域である。

　以上で述べた平板の耐荷力の特性をまとめると，**図 5.25** のようになる[10]。

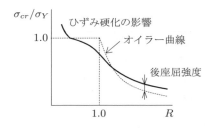

図 5.25　平板の耐荷力の特性

5.2.4　平板の耐荷力

　柱の場合と同じように，平板についても多くの実験や解析が行われており，それらの結果を基に耐荷力曲線が提案されている。

　図 **5.26** (a) に示す I 形断面部材のフランジや補剛材，箱形断面の補剛材のように，板の片縁で他の板と接合され，もう片縁が自由である板を片縁支持板あるいは自由突出板という。図 (b) に示す箱形断面のフランジやウェブのように，板の両縁とも他の板と接合されている板を両縁支持板という。他の板との接合縁では，単純支持と固定支持の中間的な支持条件となっているものと考えられるが，設計では安全側を見て，これを単純支持と仮定する。

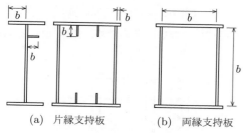

(a)　片縁支持板　　　　　　(b)　両縁支持板

図 5.26　板要素の支持条件

　平板の局部座屈に対する耐荷力曲線として，土木学会標準示方書，道路橋示方書，鉄道橋設計標準で与えられている式を**表 5.6** に示す。ここで，R は幅厚比パラメータである。幅厚比パラメータ R の計算に用いる座屈係数は，両縁支持板では 4.0，片縁支持板では 0.425 とする。これらの耐荷力曲線を**図 5.27** に示す。土木学会標準示方書の耐荷力曲線は，幅厚比パラメータが大きい領域において後座屈強度を見込んでいるのに対し，道路橋示方書と鉄道橋設計標準で

表 5.6　平板の耐荷力

土木学会標準示方書	両縁支持板	$\dfrac{\sigma_{cr}}{\sigma_Y} = \begin{cases} 1.0 & (R \le 0.7) \\ (0.7/R)^{0.86} & (0.7 < R) \end{cases}$
	片縁支持板	$\dfrac{\sigma_{cr}}{\sigma_Y} = \begin{cases} 1.0 & (R \le 0.7) \\ (0.7/R)^{0.64} & (0.7 < R) \end{cases}$
道路橋示方書	両縁支持板	$\dfrac{\sigma_{cr}}{\sigma_Y} = \begin{cases} 1.0 & (R \le 0.7) \\ (0.7/R)^{1.83} & (0.7 < R) \end{cases}$
	片縁支持板	$\dfrac{\sigma_{cr}}{\sigma_Y} = \begin{cases} 1.0 & (R \le 0.7) \\ (0.7/R)^{1.19} & (0.7 < R) \end{cases}$
鉄道橋設計標準		$\dfrac{\sigma_{cr}}{\sigma_Y} = \begin{cases} 1.0 & (R \le 0.7) \\ 0.49/R^2 & (0.7 < R) \end{cases}$

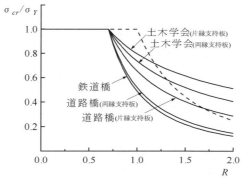

図 5.27 平板の耐荷力曲線

はそれと比較して小さめの設定となっている。

他の支持条件，他の荷重条件の場合についても，平板の耐荷力曲線が多数提案されている[6]。

5.3 | 補 剛 板 の 座 屈

板の座屈強度は曲げ剛性 D が増加すれば大きくなる。曲げ剛性を増加させるには板を厚くすればよいのであるが，板厚とともに重量も増えてしまう。そこで，**図 5.28** に示すように，細長い板を立てて取り付けることで曲げ剛性を増加させる方法が用いられる。取り付ける板を**補剛材**（stiffener）といい，それによって補剛された板を**補剛板**（stiffened plate）と呼ぶ。

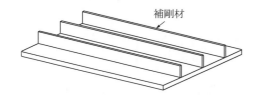

補剛材

図 5.28 補 剛 板

5.3.1 補剛板の座屈強度

補剛材 1 本の断面積と補剛される板の断面積の比 δ を断面積比，補剛材 1 本

の曲げ剛性と補剛される板の曲げ剛性との比 γ を剛比という。すなわち

$$\delta = \frac{A}{Bt}, \quad \gamma = \frac{EI}{BD} = \frac{I}{Bt^3/\{12(1-\nu^2)\}} \simeq \frac{I}{Bt^3/11}$$

である。ここで，A, EI は補剛材 1 本の断面積と曲げ剛性であり，t, B は補剛される板の板厚と板幅である。補剛材の断面二次モーメント I を計算するための軸は，道路橋示方書や鉄道橋設計標準では，補剛材が取り付けられる側の，被補剛板の表面位置にとることとしている。

　図 5.29 に示すような 4 辺単純支持の補剛板が圧縮を受ける場合について考える。この場合，図 5.30 の上から順に示すように，補剛板全体としての座屈，補剛材で囲まれる板パネルの座屈，補剛材自体の座屈の三つのモードを考える必要がある。

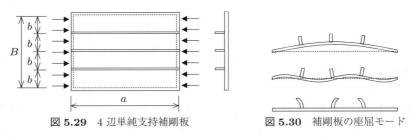

図 5.29　4 辺単純支持補剛板　　　　　図 5.30　補剛板の座屈モード

　まず，補剛板全体が座屈する場合について考える。これが生じるのは，補剛材の剛性が比較的小さい場合である。この場合，補剛板全体が 1 枚の板として挙動すると考えてよい。直交異方性理論によれば，補剛板全体が座屈する際の座屈係数は次式で与えられる[11]。

$$k = \begin{cases} \dfrac{1}{1+n\delta}\left\{\left(\alpha + \dfrac{1}{\alpha}\right)^2 + \left(\dfrac{1}{\alpha}\right)^2 n\gamma\right\} & (\alpha \leq \sqrt[4]{1+n\gamma}) \\[3mm] \dfrac{2}{1+n\delta}\left(1 + \sqrt{1+n\gamma}\right) & (\alpha > \sqrt[4]{1+n\gamma}) \end{cases}$$

ただし，n は板パネルの数（ここの例では 4），$\alpha = a/B$ である。この座屈係数により，弾性座屈強度がつぎのように与えられる。

$$\sigma_E = k\frac{\pi^2 D}{B^2 t_{eq}} \tag{5.36}$$

ここで，t_{eq} は等価板厚であり，$t_{eq} = t + A/b$ である。

つぎに，補剛材間の板パネルが座屈する場合について考えよう。これは補剛材の剛性が大きい場合に生じる。板パネルが補剛材によって単純支持されているとし，$\alpha = a/b$ が十分大きいとして座屈係数を 4 とおくと，弾性座屈強度は

$$\sigma_E = 4\frac{\pi^2 D}{(B/n)^2 t} = 4n^2\frac{\pi^2 D}{B^2 t} \tag{5.37}$$

で与えられる。

最後に，補剛材自体が座屈する場合であるが，一つひとつの補剛材に対して耐荷力を求めるのは面倒であるので，一般には後述の幅厚比制限を設けることによって補剛材の座屈が生じないようにする。

さて，式 (5.36) によれば，補剛板全体の座屈強度は剛比 γ とともに増加するが，式 (5.37) よれば，板パネルの座屈強度は剛比によらない。前者は剛比が小さい場合，後者は剛比が大きい場合に生じるわけであるから，剛比と座屈強度の関係を示すと**図 5.31** のようになり，γ^* を境にして，剛比がそれよりも小さい領域では板全体の座屈が，大きい領域では板パネルの座屈が生じることとなる。この γ^* を**必要最小剛比**（minimum stiffness ratio）と呼ぶ。

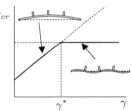

図 5.31　剛比と座屈強度の関係

補剛板においては，補剛材剛比を必要最小剛比以上にして，補剛効果を十分に確保する必要がある。その反面，それ以上補剛材を配置しても，理論的には座屈強度は増加しない。しかし，前述のように，幅厚比が比較的大きい領域では後座屈強度が期待できる。この場合，弾性座屈強度よりも高い応力が生じるので，弾性座屈強度を基に導いた必要最小剛比では不十分である。また，変形性能に対しては，必要最小剛比以上の領域にあっても補剛材の効果が確認されており，十分な変形性能を期待するためには必要最小剛比の 3 倍以上の補剛材

剛比が望ましいとされている[6]。

5.3.2 補剛板の耐荷力

補剛板には必要最小剛比を超える十分な補剛を行い，板全体の座屈を防止するのが原則である。そのような場合，板パネルの座屈が耐荷力を支配するが，それには後座屈強度が期待できる。後座屈強度を考慮した耐荷力曲線を求める手法として，土木学会標準示方書では，以下に示す柱モデルアプローチ[12] が採用されている。

補剛板に板パネルの局部座屈が生じ，後座屈領域に入った際の応力分布は，**図 5.32** のような形となる。板パネルの応力を σ_x，その最大値を $\sigma_{x,\max}$ としたとき，次式を満足する b_e を**有効幅**（effective width）という。

$$b_e = \frac{\displaystyle\int_0^b \sigma_x dy}{\sigma_{x,\max}} \tag{5.38}$$

また，**図 5.33** に示すような，板パネルの有効幅部分と 1 本の補剛材とで構成される部分を有効補剛材という。**図 5.34** に示すように，補剛板を有効補剛材の集合体とみなし，有効補剛材を柱部材と見立てて座屈強度を求める方法を，柱モデルアプローチという。

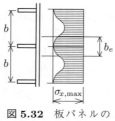

図 5.32 板パネルの応力分布

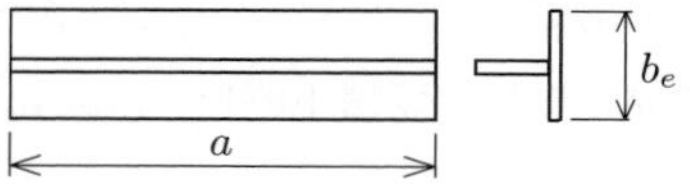

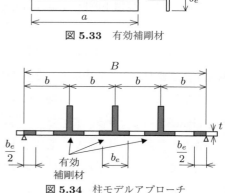

図 5.33 有効補剛材

図 5.34 柱モデルアプローチ

有効補剛材の圧縮強度 $\sigma_{cr,T}$ は次式で与えられる[13]。

$$\frac{\sigma_{cr,T}}{\sigma_Y} = \begin{cases} 1.0 & (\overline{\lambda}^* \leq 0.2) \\ \dfrac{s - \sqrt{s^2 - 4\overline{\lambda}^{*2}}}{2\overline{\lambda}^{*2}} & (\overline{\lambda}^* > 0.2) \end{cases} \tag{5.39}$$

ここで，$s = 1 + C(\overline{\lambda}^* - 0.2) + \overline{\lambda}^{*2}$，$C$ は定数である。$\overline{\lambda}^*$ は細長比パラメータであるが，有効補剛材の細長比パラメータ $\overline{\lambda}$ を基にして，鋼材の降伏応力，縦補剛材と横補剛材の剛比などによって補正した値を用いる。詳細は土木学会標準示方書を参照されたい。

また，板の両端部分も圧縮力を受け持つから，左右の有効幅を合わせて幅 b_e の平板とし（図 5.34 参照），両縁支持の条件で座屈強度を求め，これを σ_p とする。

最終的に，$n-1$ 本の有効補剛材と，板の両端部の座屈耐力を足し合わせることにより，補剛板の座屈強度が以下のように求められる。

$$\frac{\sigma_{cr}}{\sigma_Y} = \frac{\dfrac{\sigma_{cr,T}}{\sigma_Y}(n-1)A_T + \dfrac{\sigma_p}{\sigma_Y}b_e t}{A_g} \tag{5.40}$$

ここで，A_T は有効補剛材の断面積，A_g は補剛板全体の断面積である。

上記は土木学会標準示方書に示されている補剛板の耐荷力であるが，やや煩雑である。道路橋示方書と鉄道橋設計標準では，補剛板の耐荷力曲線として以下に示す簡易な式を与えている。

$$\frac{\sigma_{cr}}{\sigma_Y} = \begin{cases} 1.0 & (R \leq 0.5) \\ 1.5 - R & (0.5 < R \leq 1.0) \\ 0.5/R^2 & (1.0 < R) \end{cases} \tag{5.41}$$

幅厚比パラメータ R の計算に用いる座屈係数は，$4n^2$（n はパネル数）とする。後座屈強度は見込んでいないので，かなり安全側の設定となっているが，計算は非常に容易である。

5.4 | 全体座屈と局部座屈の連成

　柱全体の耐荷力は，柱を構成する板要素に局部座屈が生じても，後座屈強度があるために，すぐに損なわれることはない。しかし，荷重の増加につれて局部座屈が大きくなると，柱全体の耐荷力も低下していく。このように，局部座屈の発生は部材全体の座屈挙動や耐荷力に大きな影響を与える。

　これまで柱の全体座屈，板の局部座屈について個々に見てきたが，圧縮部材の設計を考えるにあたっては，全体座屈，局部座屈のそれぞれに対して十分に配慮するほか，必要に応じて両者の連成についても考える必要がある。

5.4.1　幅 厚 比 制 限

　例えば図 5.27 に示した耐荷力曲線によれば，幅厚比パラメータ R が 0.7（限界幅厚比パラメータ）以下であれば板の局部座屈は生じず，圧縮強度として降伏強度まで期待できる。そこで，実際に用いる板要素の幅厚比パラメータをそれ以下にすれば，板の局部座屈は考える必要がなくなる。このような考え方により板要素の局部座屈を防止する方法を幅厚比制限という。

　表 5.6 に示した鉄道橋設計標準で用いられる無補剛板の耐荷力を例にとると，最大幅厚比 $(b/t)_0$ は，式 (5.35) の R に 0.7 を入れて幅厚比 b/t について解くことにより

$$\left(\frac{b}{t}\right)_0 = 0.7\pi\sqrt{\frac{k}{12(1-\nu^2)}}\sqrt{\frac{E}{\sigma_Y}} \tag{5.42}$$

と求められる。ただし，両縁支持板の座屈係数は 4.0，片縁支持板の座屈係数は 0.425 である。補剛板においては，式 (5.41) を参照して，0.7 に代えて 0.5 とし，座屈係数として $k = 4n^2$ を用いればよい。このようにして算出した最大幅厚比の例を**表 5.7** に示す。これは鉄道橋設計標準に示されている最大幅厚比であり，鉄道橋においては，板要素の幅厚比をこれ以下にすることを原則としている。

表 5.7 板要素の最大幅厚比[3]

	片縁支持板	両縁支持板	補剛板
SM400 SMA400	12.4	38.0	$27.1n$
SM490	10.7	33.0	$23.5n$
SM490Y SM520 SMA490	10.1	31.1	$22.2n$
SM570 SMA570	9.0	27.7	$19.8n$

板厚 16 mm 以下の例。他の板厚については鉄道橋設計標準を参照。

5.4.2 局部座屈の影響

柱の全体座屈と板の局部座屈との連成を厳密に評価するのは困難である。そのため，幅厚比制限を設けることによって板に局部座屈が生じないようにし，全体座屈強度のみを照査するという考え方が古くから用いられてきた。しかし，幅厚比制限には板に生じる応力の大きさが考慮されないので，小さい応力しか生じない板要素に対しては過剰な要求となる。また，表5.7 に示したように，高強度鋼になるほど最大幅厚比が小さいため，強度を十分に活用できないという問題もある。そのため，板の幅厚比が最大幅厚比よりも大きくなる領域，すなわち板の局部座屈強度が降伏強度まで達しない領域での設計も許容する考え方が用いられるようになった。ただし，その際には，板の局部座屈が柱の全体座屈強度に与える影響を考慮するために，局部座屈強度に応じて全体座屈強度を低減することが必要になる。これにはつぎの二つの手法がある[6]。

〔1〕 積公式を用いる方法　断面を構成する板要素の無次元化された座屈強度 σ_{cr}/σ_Y を ρ_l としたとき，これを局部座屈による全体座屈強度の低減率と考え，柱の全体座屈強度に ρ_l を乗じることにより局部座屈の影響を考慮する。これを積公式という。道路橋示方書および鉄道橋設計標準では積公式を採用している。局部座屈の影響を考慮した全体座屈強度 $\sigma_{cr,gl}$ は

$$\sigma_{cr,gl} = \sigma_{cr,g} \cdot \rho_l = \sigma_{cr,g} \cdot \frac{\sigma_{cr,l}}{\sigma_Y} \tag{5.43}$$

で表される。ここで，$\sigma_{cr,g}$ は局部座屈の影響を考慮しない柱の全体座屈強度であり，表 5.4 に示した柱の耐荷力曲線から求める。$\sigma_{cr,l}$ は板要素の局部座屈強度，σ_Y は板要素の降伏強度である。両者の比が ρ_l であり，表 5.6 に示した式により計算することができる。

〔2〕 **Q ファクター法**　　式 (5.43) の $\sigma_{cr,g}$ の計算には，細長比パラメータが必要となる。局部座屈による全体座屈強度の低減率を Q_c としたとき，細長比パラメータの計算に用いる降伏応力を $Q_c\sigma_Y$ で置き換え

$$\overline{\lambda} = \frac{\lambda}{\pi}\sqrt{\frac{Q_c\sigma_Y}{E}} \tag{5.44}$$

として，式 (5.43) により座屈強度（または耐力）を求める考え方を Q ファクター法と呼ぶ。土木学会標準示方書では Q ファクター法を採用している。

土木学会標準示方書のグループ 3 の耐荷力曲線を例にとり，ρ_l と Q_c を 0.8 としたときの，Q ファクター法と積公式による座屈耐荷力曲線を**図 5.35** に示す。ただし，横軸は Q_c による補正を行わない細長比パラメータとしている。図からわかるように，積公式のほうが Q ファクター法よりも安全側の結果を与える。また，式の上からも明らかなように，Q ファクター法においても積公式においても，全体座屈強度が局部座屈強度（この例でいうと $0.8\sigma_Y$）を上回ることはない。そのため，全体座屈に対する照査が満足されれば，局部座屈強度を超えないことも設計上保証される。

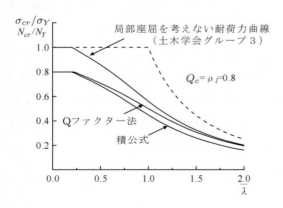

図 5.35　Q ファクター法と積公式

5.5 │ 軸方向圧縮力を受ける部材の設計

5.5.1 土木学会標準示方書の方法

土木学会標準示方書では，式 (5.27) に示される耐荷力曲線を基に，Q ファクター法を用い，次式により設計軸方向圧縮耐力 N_{rd} を算定することとしている。

$$N_{rd} = \begin{cases} \dfrac{A_g Q_c f_{yd}}{\gamma_b} & (\overline{\lambda} \le \overline{\lambda}_0) \\[3mm] \dfrac{A_g Q_c f_{yd}}{\gamma_b} \dfrac{\beta - \sqrt{\beta^2 - 4\overline{\lambda}^2}}{2\overline{\lambda}^2} & (\overline{\lambda} > \overline{\lambda}_0) \end{cases} \tag{5.45}$$

$$\beta = 1 + \alpha(\overline{\lambda} - \overline{\lambda}_0) + \overline{\lambda}^2$$

$$\overline{\lambda} = \frac{\lambda}{\pi}\sqrt{\frac{Q_c f_{yk}}{E}}$$

ここで，A_g は総断面積，f_{yd} は設計降伏強度であり，α，$\overline{\lambda}_0$ は表 5.3 に示したとおりである。$\overline{\lambda}$ は Q_c を考慮した細長比パラメータであるが，耐荷力曲線の基となった実験データは，降伏強度の特性値を用いて計算した細長比パラメータによって整理されているため，細長比パラメータを計算する際の降伏強度には，設計降伏強度 f_{yd} ではなく降伏強度の特性値 f_{yk} を用いる。部材係数 γ_b は，表 5.3 中のグループ 1 に対して 1.04，グループ 2, 3 に対して 1.08 が示されている。

Q_c は局部座屈による圧縮耐力の低減率を意味しており，次式により求める。

$$Q_c = \frac{\sum(\sigma_u A_{fc})}{A_g f_{yd}} \tag{5.46}$$

σ_u は板要素の局部座屈強度，A_{fc} は σ_u を計算した板要素の断面積である。分母は断面全体の圧縮降伏耐力である。無補剛板の σ_u は，表 5.6 に示されている式を基にして求める。例えば両縁支持板については

$$\sigma_u = \begin{cases} f_{yd} & (R \le 0.7) \\[2mm] \left(\dfrac{0.7}{R}\right)^{0.86} f_{yd} & (0.7 < R) \end{cases}$$

となる。幅厚比パラメータ R は式 (5.35) によるが，その計算には降伏強度の特性値 f_{yk} を用いる。補剛板については式 (5.40) により上と同じように計算すればよい。

以上の設計軸方向圧縮耐力 N_{rd} と，部材に作用する設計軸方向圧縮力 N_{sd} により，軸方向圧縮力を受ける部材の安全性の照査は次式で行われる。

$$\gamma_i \frac{N_{sd}}{N_{rd}} \leq 1.0 \tag{5.47}$$

ここで，γ_i は構造物係数である。

5.5.2 鉄道橋設計標準の方法

鉄道橋設計標準では幅厚比制限を設けている。しかし，応力が小さい板要素に対しては，最大幅厚比を緩和する措置を設けており，その場合には積公式により局部座屈の影響を考慮することとしている。

設計軸方向圧縮耐力は，表 5.4 に示した柱の耐荷力曲線を基にして，次式で求める。

$$N_{rd} = \frac{A_g \rho_l f_{yd}}{\gamma_b} \times \begin{cases} 1.0 & (\overline{\lambda} \leq 0.1) \\ 1.0 - 0.53(\overline{\lambda} - 0.1) & (0.1 < \overline{\lambda} \leq \sqrt{2}) \\ 1.7/(2.8\overline{\lambda}^2) & (\sqrt{2} < \overline{\lambda}) \end{cases} \tag{5.48}$$

$$\overline{\lambda} = \frac{\lambda}{\pi}\sqrt{\frac{f_{yk}}{E}}$$

A_g は断面積，f_{yd} は設計降伏強度である。$\overline{\lambda}$ は細長比パラメータであり，降伏強度の特性値 f_{yk} を用いて計算することは先と同様である。ρ_l は，無補剛板は表 5.6 に示される式で，補剛板は式 (5.41) で求められる σ_{cr}/σ_Y の値であり，例えば，無補剛板の ρ_l は

$$\rho_l = \frac{\sigma_{cr}}{\sigma_Y} = \begin{cases} 1.0 & (R \leq 0.7) \\ 0.49/R^2 & (R > 0.7) \end{cases} \tag{5.49}$$

である。ただし，幅厚比パラメータ R を求める際の降伏強度には，その特性値 f_{yk} を用いる。断面を構成するすべての板要素に対して値を計算し，その中で最小のものをとる。照査式は式 (5.47) と同様である。

5.5.3 道路橋示方書の方法

道路橋示方書でも積公式によって局部座屈の影響を考慮することとしており，軸方向圧縮応力度が，以下に示す制限値 σ_{cud} を超えないことを確認する。

$$\sigma_{cud} = \xi_1 \cdot \xi_2 \cdot \Phi_R \cdot \rho_g \cdot \rho_l \cdot f_{yk} \tag{5.50}$$

ここで，f_{yk} は降伏強度の特性値，Φ_R は抵抗係数，ξ_1 は調査・解析係数，ξ_2 は部材・構造係数である。ρ_g は柱としての全体座屈に対する圧縮応力度の特性値に関する補正係数であり，表 5.4 に示す σ_{cr}/σ_Y の値そのものである。ρ_l は局部座屈に対する特性値に関する補正係数であり，断面を構成するすべての板要素に対して表 5.6 に示される σ_{cr}/σ_Y を求め，そのうち最小のものを用いる。

5.6 | 圧縮部材の留意点

引張部材と同じように，圧縮部材に対しても，あまり細長い部材を用いると予期せぬ不具合が生じる可能性があることから，細長比に制限が加えられている。道路橋示方書や鉄道橋設計標準における最大の細長比を**表 5.8** に示す。

表 5.8 圧縮部材の細長比制限

	部材	細長比 (l/r)
道路橋示方書	主要部材	120
	二次部材	150
鉄道橋設計標準	–	100

また，座屈強度は初期変形が大きくなるほど低下するので，製作上生じる部材の初期変形について上限が定められている。道路橋示方書，鉄道橋設計標準では，**図 5.36** に示す初期変形量 δ が部材長 l の $1/1\,000$ 以下でなければならないとしている。

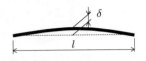

図 5.36 圧縮部材の部材精度

　また，道路橋示方書では，不慮の外力による損傷や過大な溶接変形を防止するために，あまり薄い板を用いることのないように，板要素に対してその最小板厚を規定している。詳細は道路橋示方書を参照されたい。

演 習 問 題

　〔**5.1**〕　上下端とも固定支持の柱の弾性座屈荷重を，式 (5.4) を基に求めよ。

　〔**5.2**〕　幅 1 000 mm，板厚 25 mm の両縁支持板が一様な圧縮応力を受けるときの座屈耐力の特性値を，土木学会標準示方書および鉄道橋設計標準に従って求めよ。ただし，鋼種は SM490，板の弾性係数は 2×10^5 N/mm²，ポアソン比は 0.3 とする。

　〔**5.3**〕　1 辺の長さ（外寸）が 1 050 mm の正方箱形断面を有する有効長さ 30 m の柱の設計圧縮耐力を，土木学会標準示方書に従って求めよ。ただし，板厚や鋼種は〔5.2〕のものと同じとする。また，この柱はグループ 1 に属し，材料係数は 1.0，部材係数は 1.04 とする。

　〔**5.4**〕　〔5.3〕で示される柱の設計圧縮耐力を，鉄道橋設計標準に従って求めよ。ただし，材料係数は 1.05，部材係数は 1.1 とする。

6章

ねじりを受ける部材の力学

◆本章のテーマ

　ねじりを受ける部材の力学について説明する。断面形状の異なるはりをいくつか取り上げ，ねじりモーメントが作用した場合に断面内にどのような応力が生じるかを論じる。また，その結果を基に，ねじりを受ける部材の耐力の考え方について述べる。本章に示す知識は，曲げを受ける部材の横ねじれ座屈を理解するためにも必要である。

◆本章の構成（キーワード）

6.1　単純ねじりとそり拘束ねじり

6.2　単純ねじり

　　　ねじり定数，ねじり剛性，そり関数，開断面と閉断面

6.3　薄肉開断面のそり拘束ねじり

　　　そりねじり定数，そりねじり剛性，二次せん断応力

6.4　曲げとそり拘束ねじりとの対応関係

6.5　ねじり耐力

　　　せん断耐力，バイモーメント耐力

◆本章を学ぶと以下の内容をマスターできます

☞　ねじりの基礎理論

☞　ねじりによって生じるせん断応力

☞　そり拘束ねじりによって生じる直応力と二次せん断応力

☞　ねじりを受ける部材の耐力

6.1　単純ねじりとそり拘束ねじり

　部材軸まわりに断面を回転させようとする力を**ねじり**（torsion）という。土木構造物ではねじりのみが生じる部材は少ないが，荷重が部材から離れた位置に作用する場合や，直交する部材に曲げが生じる場合など，部材が他の作用とともにねじりを受ける機会は多い。

　はりにねじりモーメントが作用すると断面は回転し，せん断応力が発生する。また，ねじりモーメントは，断面の回転に加えて，部材軸方向への変位を生じさせる。**図 6.1** に，溝形断面はりにねじりを加えた際の変形の様子を模式的に示す。図において上下フランジが逆向きに曲げられるような変形が生じ，その結果として断面には部材軸方向への変位が生じる。このような部材軸方向の変位を**そり**（warping）と呼ぶ。

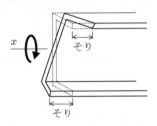

図 6.1　ねじりによる変形

　そりを拘束しない限り付加的な応力は発生しないので，ねじりによるせん断応力のみを考えればよい。このような問題を**単純ねじり**（pure torsion），あるいはサン‐ブナンのねじり（Saint-Venant's torsion）という。しかし，そりを拘束する場合には，それによって部材軸方向に直応力が生じることとなる。さらに，この直応力は部材軸方向に大きさが変化するので，それにつり合う形でせん断応力が発生する。すなわち，単純ねじりによるせん断応力に加え，そりを拘束することによる部材軸方向の直応力とせん断応力とが加わることになる。このようにそりを拘束した場合のねじりを，**そり拘束ねじり**（warping torsion），あるいはそりねじりと呼ぶ。

6.2 単 純 ね じ り

6.2.1 単純ねじりの支配方程式

図 **6.2** のように座標をとり，部材軸方向に等断面を有するはりの単純ねじりについて考えよう。ねじりモーメント M_t により，部材端部 $x = l$ において θ_l の回転角が生じたとする。はりは等断面であるから，x 方向の単位長さ当りの回転角の変化 $\omega = d\theta/dx$ は，一定であると考えることができる。この ω を**ねじり率**（torsion rate）と呼ぶ。これを用いると，任意断面の回転角は

$$\theta = \omega x \tag{6.1}$$

と表される。

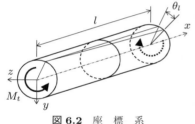

図 6.2 座 標 系

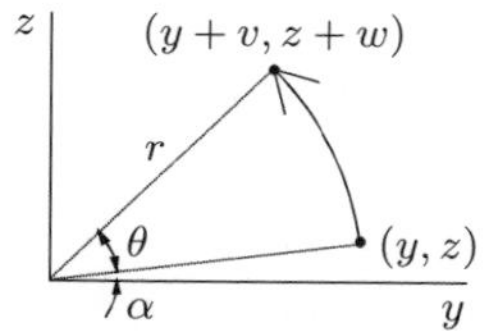

図 6.3 ねじりによる変位

さて，図 **6.3** のように，任意断面上においてねじりによって座標 (y, z) の点が回転したとき，変位 v, w は

$$y + v = r\cos(\theta + \alpha), \quad z + w = r\sin(\theta + \alpha)$$

で表される。変形が微小であるとすると

$$y + v = r(\cos\theta\cos\alpha - \sin\theta\sin\alpha) = y - z\theta$$
$$z + w = r(\sin\theta\cos\alpha + \cos\theta\sin\alpha) = y\theta + z$$

であり，両式より

$$v = -z\theta = -\omega xz, \quad w = y\theta = \omega xy \tag{6.2}$$

が得られる。

　前述のように，ねじりを受けるとき，一般に断面にはそり，すなわち x 軸方向の変位 u が発生する。等断面はりであれば，そりはすべての断面について同じ関数で表されると考えてよいので，これを y, z のみの関数として

$$u(y, z) = \omega\varphi(y, z) \tag{6.3}$$

とおこう。φ は**そり関数**（warping function）と呼ばれ，長さの2乗の次元を持つ。具体的なそり関数についてはのちほど述べることとし，ここではそりがこのように表されるものとして話を先に進めよう。

　各方向の変位が

$$u = \omega\varphi, \quad v = -\omega xz, \quad w = \omega xy \tag{6.4}$$

と表現されたので，任意の位置でのひずみは

$$\varepsilon_x = \frac{\partial u}{\partial x} = 0, \quad \varepsilon_y = \frac{\partial v}{\partial y} = 0, \quad \varepsilon_z = \frac{\partial w}{\partial z} = 0$$

$$\gamma_{xy} = \frac{\partial u}{\partial y} + \frac{\partial v}{\partial x} = \omega\left(\frac{\partial\varphi}{\partial y} - z\right)$$

$$\gamma_{yz} = \frac{\partial v}{\partial z} + \frac{\partial w}{\partial y} = 0$$

$$\gamma_{xz} = \frac{\partial u}{\partial z} + \frac{\partial w}{\partial x} = \omega\left(\frac{\partial\varphi}{\partial z} + y\right)$$

と表され，対応する応力成分が

$$\sigma_x = \sigma_y = \sigma_z = \tau_{yz} = 0$$

$$\tau_{xy} = G\omega\left(\frac{\partial\varphi}{\partial y} - z\right), \quad \tau_{xz} = G\omega\left(\frac{\partial\varphi}{\partial z} + y\right) \tag{6.5}$$

として得られる。G はせん断弾性係数である。

　このように，せん断応力がねじり率とそり関数により表された。では，ねじり率はどのようにして求められるだろうか。これは，作用している外力のねじりモーメント M_t と，断面に生じるせん断応力から計算されるねじりモーメン

ト（以下，抵抗モーメントと呼ぶ）がつり合うという条件により求めることができる。図 **6.4** を参考にして，抵抗モーメントは

$$\int_A (-\tau_{xy}z + \tau_{xz}y)dA$$

であり，これが M_t とつり合わなければならないから

$$M_t = \int_A (-\tau_{xy}z + \tau_{xz}y)dA$$

である。これに式 (6.5) を代入すると

$$M_t = G\omega \int_A \left(y^2 + z^2 + \frac{\partial \varphi}{\partial z}y - \frac{\partial \varphi}{\partial y}z \right) dA \tag{6.6}$$

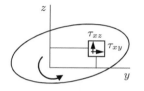

図 6.4 せん断応力による
ねじりモーメント

表 6.1 サン－ブナンのねじり剛性

断面形	ねじり剛性 GJ	最大せん断応力 $\tau_{\max}$	a/b	k_1	k_2
d（円）	$\dfrac{\pi d^4}{32}G$	$\dfrac{16}{\pi d^3}M_t$	1.0	0.2082	0.1406
			2.0	0.2459	0.2287
$d_2 \| d_1$（中空円）	$\dfrac{\pi(d_2^4 - d_1^4)}{32}G$	$\dfrac{16d_2}{\pi(d_2^4 - d_1^4)}M_t$	3.0	0.2672	0.2633
			4.0	0.2817	0.2808
			5.0	0.2915	0.2913
$b,\ a$（長方形）	$k_2 ab^3 G$	$\dfrac{1}{k_1 ab^2}M_t$	6.0	0.2984	0.2983
			7.0	0.3033	0.3033
			8.0	0.3071	0.3071
$t,\ s,\ F$（閉断面）	$\dfrac{4F^2}{\oint \dfrac{ds}{t}}G$	$\dfrac{1}{2Ft_{\min}}M_t$	9.0	0.3100	0.3100
			10.0	0.3123	0.3123
			∞	0.3333	0.3333
$t_1,\ t,\ b,\ t_1,\ a$（閉断面箱形）	$\dfrac{2tt_1\alpha^2\beta^2}{t\alpha + t_1\beta}G$ $\alpha = a - t$ $\beta = b - t_1$	短辺で $\dfrac{1}{2t\alpha\beta}M_t$ 長辺で $\dfrac{1}{2t_1\alpha\beta}M_t$			

となる。式 (6.6) の積分は長さの 4 乗の次元を持つ断面に固有の値であり，サン-ブナンの**ねじり定数**（torsional constant）と呼ばれる。これを J とおくと

$$M_t = GJ\omega \tag{6.7}$$

と表される。ねじり率 ω とねじりモーメント M_t は比例関係にあり，その比例定数 GJ をサン-ブナンの**ねじり剛性**（torsional rigidity）と呼ぶ。種々の断面におけるサン-ブナンのねじり剛性を**表 6.1** に示す[14]。

6.2.2　開断面はりの単純ねじり

図 6.5 (a) に示すように自由縁を有する断面を開断面という。ここでは，開断面の代表例として細長い矩形断面を有するはりを取り上げ，その単純ねじりについて考えてみる。

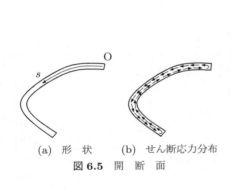

(a)　形　状　　(b)　せん断応力分布
図 6.5　開　断　面

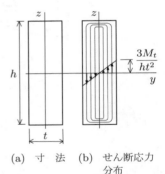

$$\frac{3M_t}{ht^2}$$

(a)　寸　法　　(b)　せん断応力
　　　　　　　　　　分布
図 6.6　矩形断面のねじり
　　　　　せん断応力

図 6.6 (a) に示すような矩形断面を有するはりが，ねじりモーメント M_t を受けているとする。いま，幅厚比 h/t は十分に大きいとしよう。この場合，両端部以外の部分でのそり関数は，$\varphi = yz$ で表されることがわかっている。これを図示すると**図 6.7** のようになり，y 軸および z 軸上ではそりは 0 である。

さて，このそり関数を式 (6.5) に代入すると

$$\tau_{xy} = 0, \quad \tau_{xz} = 2G\omega y \tag{6.8}$$

図 6.7 矩形断面のそり

が得られる。また，表 6.1 によれば，幅厚比 h/t が十分に大きいとき，サン–ブ
ナンのねじり剛性は $GJ = Ght^3/3$ である。よって，式 (6.7) より

$$\omega = \frac{3M_t}{Ght^3} \tag{6.9}$$

であり，これを式 (6.8) に代入すると，せん断応力が

$$\tau_{xy} = 0, \quad \tau_{xz} = \frac{6M_t}{ht^3}y \tag{6.10}$$

と求められる。このせん断応力分布を図 6.6 (b) に示した。両端部を除いて，せ
ん断応力は z 軸方向にのみ生じ，板厚中心線上では 0 となる。最大のせん断応
力は板の表面で生じ，次式となる。

$$\tau_{xz,\mathrm{max}} = \frac{3M_t}{ht^2} \tag{6.11}$$

　複数の矩形板から構成される断面のねじり剛性は，各板のねじり剛性を J_i と
するとき，近似的に

$$GJ = G\sum_{i=1}^{n} J_i = G\sum_{i=1}^{n} \frac{h_i t_i^3}{3} \tag{6.12}$$

で与えられる。ここで，n は板の数であり，h_i, t_i はそれぞれの板幅と板厚であ
る。例えば**図 6.8** (a) に示すような断面に対しては

$$GJ = G\frac{1}{3}(h_1 t_1^3 + h_2 t_2^3 + h_3 t_3^3)$$

と近似できる。この断面にねじりモーメント M_t が作用するとき，各板によっ
て負担されるねじりモーメントをそれぞれ M_{t1}, M_{t2}, M_{t3} とする。各板に生じ
るねじり率と断面全体のねじり率は等しくなければならないので

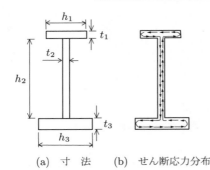

図 6.8 複数の矩形断面の
ねじりせん断応力

(a) 寸 法　　(b) せん断応力分布

$$\frac{M_{ti}}{GJ_i} = \frac{M_t}{GJ} \quad (i = 1, 2, 3)$$

である。よって，式 (6.11) より，各板に生じる最大のせん断応力 $\tau_{i,\mathrm{max}}$ は

$$\tau_{i,\mathrm{max}} = \frac{3M_{ti}}{h_i t_i^2} = \frac{3}{h_i t_i^2} \frac{J_i}{J} M_t = \frac{M_t}{J} t_i \quad (i = 1, 2, 3) \tag{6.13}$$

となり，板厚が最も大きい板に最大のせん断応力が生じる。この例題の場合の
せん断応力の流れを図 6.8 (b) に示しておく。

このように，一般に開断面においては，図 6.5 (b) に示したように，板厚中心
線を挟んで方向の異なるせん断応力が現れ，その大きさは板厚中心線からの距
離に比例する。また，板厚中心線上ではせん断応力は 0 となる。

6.2.3　閉断面はりの単純ねじり

図 6.9 (a) に示すような閉断面はりが，ねじりを受ける場合を考えよう。閉
断面においては，充実断面の中央部がなくなった状態を思い浮かべればわかる
ように，せん断応力は図 6.9 (b) のように板厚全体にわたって一方向に生じる。
ここでは板厚は十分に薄く，板厚内でせん断応力は一定とみなせるとする。図
6.10 に示すような要素を考えると，水平方向の力のつり合いより

$$\tau_1 t_1 dx = \tau_2 t_2 dx$$

となり，これより

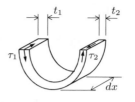

(a) 形 状   (b) せん断応力分布

図 **6.9** 閉 断 面   図 **6.10** 閉断面の要素

$$\tau_1 t_1 = \tau_2 t_2 \tag{6.14}$$

が得られる。これは閉断面のどの位置においてもせん断応力と板厚の積 τt が一定であることを示しており，τt を**せん断流**（shear flow）と呼ぶ。

　板厚中心線に沿って s 軸をとり，**図 6.11** に示すように，回転中心を点 S としよう。任意の点 P における板厚中心線の接線を A-A とし，点 S から接線 A-A に引いた垂線の長さを r とする。この際，s 軸の正方向が点 S に関して反時計方向に回転するときの r の符号を正とする。

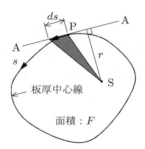

図 **6.11** 薄肉断面内の座標

　せん断応力によるねじりモーメントは

$$M_t = \oint \tau r t(s) ds = q \oint r ds$$

となる。ここで，$\oint$ は周積分を，q はせん断流 τt を表す。ところで図 6.11 を見ると，rds は点 S と ds からなる三角形の面積の 2 倍に等しいから，それを一周積分した値は，板厚中心線で囲まれる面積 F の 2 倍となる。これにより上式は

$$M_t = 2Fq$$

と表すことができる。よって，せん断応力は

$$\tau = \frac{M_t}{2Ft} \tag{6.15}$$

となり，最大のせん断応力は最も板厚の薄い箇所で生じることがわかる。

なお，直感的にもわかるとおり，開断面と閉断面ではねじり剛性がまったく異なる。具体的な数値を章末の演習問題〔6.2〕で計算してみることにしよう。

6.3　薄肉開断面のそり拘束ねじり

閉断面部材のねじり剛性は大きいため，一般に問題となることは少ない。また，閉断面の場合にはそりも比較的小さいことがわかっており，そり拘束ねじりによる応力も小さい。そこで，ここでは薄肉開断面はりを取り上げ，そり拘束ねじりについて考察することにしよう。

薄肉断面においては，板厚方向にはそりは一定であると考え，そり関数は板厚中心に沿ってとった座標 s のみの関数と考える。実際には図 6.1 で示したような断面全体のそりに加え，個々の板には図 6.7 に示したようなそりが生じているのであるが，後者は無視するということである。

6.3.1　そり拘束ねじりの支配方程式

断面のそり u が拘束される場合には，ねじり率 ω やそり u は x 軸に沿って変化する。そのため x 軸方向のひずみ $\varepsilon_x^* = \partial u/\partial x$ が生じ，その結果として x 軸方向の直応力 σ_x^* が生じるようになる。さらに σ_x^* が x 軸に沿って変化するから，力のつり合いより，せん断応力 τ^* が生じる。この τ^* を二次せん断応力と呼び，それによるねじりモーメントをそりねじりモーメント M_d^* と呼ぶこととする。断面の抵抗モーメントは，式 (6.7) で示される単純ねじりによる抵抗モーメントとそりねじりモーメント M_d^* の両者から成り立つから，そり拘束ねじりの支配方程式は

$$M_t = GJ\frac{d\theta(x)}{dx} + M_d^*(x) \tag{6.16}$$

と表すことができる。以下において，この支配方程式を構成するとともに，実際にそれを解いてみることにする。

なお，u や τ^*，M_d^* などは，ねじりモーメントが作用する点の位置によって異なった値となる。そのうち，最小の M_d^* を与える点は**固有ねじり中心**（torsional center）と呼ばれ，その位置は断面形状によって定まる[†]。ここではねじりモーメントが固有ねじり中心に作用するものとして話を進める。いくつかの断面の固有ねじり中心（せん断中心）を**表 6.2** に示しておくが[14]，その求め方に関する詳細は他の文献[15] を参照されたい。

表 6.2 固有ねじり中心とそりねじり定数

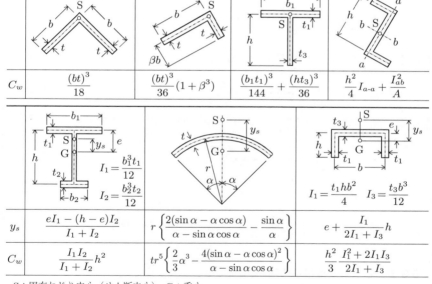

| C_w | $\dfrac{(bt)^3}{18}$ | $\dfrac{(bt)^3}{36}(1+\beta^3)$ | $\dfrac{(b_1t_1)^3}{144}+\dfrac{(ht_3)^3}{36}$ | $\dfrac{h^2}{4}I_{a\text{-}a}+\dfrac{I_{ab}^2}{A}$ |

y_s	$\dfrac{eI_1-(h-e)I_2}{I_1+I_2}$	$r\left\{\dfrac{2(\sin\alpha-\alpha\cos\alpha)}{\alpha-\sin\alpha\cos\alpha}-\dfrac{\sin\alpha}{\alpha}\right\}$	$e+\dfrac{I_1}{2I_1+I_3}h$
C_w	$\dfrac{I_1I_2}{I_1+I_2}h^2$	$tr^5\left\{\dfrac{2}{3}\alpha^3-\dfrac{4(\sin\alpha-\alpha\cos\alpha)^2}{\alpha-\sin\alpha\cos\alpha}\right\}$	$\dfrac{h^2}{3}\dfrac{I_1^2+2I_1I_3}{2I_1+I_3}$

S：固有ねじり中心（せん断中心），G：重心

[†]　固有ねじり中心は 7.4.3 項で示すせん断中心と一致する。

6.3.2 薄肉開断面のそり関数

そり拘束による応力は，そりを拘束しない場合のそりの大きさに関係があることは当然である。そこでまず，単純ねじりを受ける薄肉開断面のそりについて考えてみる。

図 6.5 に示したように，開断面の一端 O に原点をとり，板厚中心線に沿う s 軸を考える。s 軸方向への変位を v_s と表すこととする。薄肉断面においては板厚方向にはそりは一定であると考え，そり関数は s のみの関数とする。

開断面の単純ねじりにおいては，板厚中心線上のせん断応力は 0 であるから

$$\gamma_{sx} = \frac{\partial u}{\partial s} + \frac{\partial v_s}{\partial x} = 0 \tag{6.17}$$

である。ここで，式 (6.3) より $u = \omega\varphi$ であり，また図 6.12 に示す幾何学的関係から，θ が小さい場合 $v_s = r\theta = \omega rx$ であるので，これらを上式に代入すると

$$\omega\frac{\partial \varphi}{\partial s} + \omega r(s) = 0$$

となる。これを s について積分すれば

$$\varphi(s) = \varphi_0 - \int_0^s r(s)ds \tag{6.18}$$

となる。φ_0 は積分定数である。これが薄肉開断面のそり関数である。

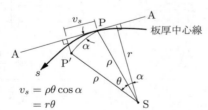

$$v_s = \rho\theta\cos\alpha = r\theta$$

図 6.12　ねじりによる変位

6.3.3 そり拘束ねじりの直応力

単純ねじりによるせん断応力は，板厚中心線上では 0 である。また，二次せん断応力が変形に及ぼす影響は，そりによって生じる直応力によるものと比べて小さく，やはり板厚中心線上では無視できると仮定する。これにより，s-x 平面内におけるせん断ひずみ γ_{sx} は 0 とみなせるので，式 (6.17) と同じ式

$$\gamma_{sx} = \frac{\partial u}{\partial s} + \frac{\partial v_s}{\partial x} = 0 \tag{6.19}$$

から出発することができる。ただし、ここでは ω $(= d\theta/dx)$, u はともに x の関数である。先と同じように、$v_s = \omega r x$ を代入すると

$$\frac{\partial u}{\partial s} + r(s)\frac{d\theta}{dx} = 0 \tag{6.20}$$

となり、これを s について積分すれば

$$u(s, x) = -\int_0^s r(s)\frac{d\theta}{dx}ds + f(x) = -\frac{d\theta}{dx}\int_0^s r(s)ds + f(x)$$

となる。これに式 (6.18) で示されるそり関数を代入すると

$$u(s, x) = \frac{d\theta}{dx}\{\varphi(s) - \varphi_0\} + f(x) \tag{6.21}$$

となる。よって直応力は

$$\sigma_x^* = E\frac{\partial u}{\partial x} = E\left[\frac{d^2\theta}{dx^2}\{\varphi(s) - \varphi_0\} + f'(x)\right] \tag{6.22}$$

と表すことができる。ところで、はりに軸力は生じていないから

$$\int_A \sigma_x^* dA = E\int_A \left[\frac{d^2\theta}{dx^2}\{\varphi(s) - \varphi_0\} + f'(x)\right] dA$$

$$= E\left\{\frac{d^2\theta}{dx^2}\int_A \varphi(s)dA - \frac{d^2\theta}{dx^2}\varphi_0 A + f'(x)A\right\} = 0$$

でなければならず、これより

$$f'(x) = \frac{d^2\theta}{dx^2}\varphi_0 - \frac{1}{A}\frac{d^2\theta}{dx^2}\int_A \varphi(s)dA$$

が得られる。よって、そり拘束ねじりによる直応力は

$$\sigma_x^* = E\left[\frac{d^2\theta}{dx^2}\{\varphi(s) - \varphi_0\} + \frac{d^2\theta}{dx^2}\varphi_0 - \frac{1}{A}\frac{d^2\theta}{dx^2}\int_A \varphi(s)dA\right]$$

$$= E\frac{d^2\theta}{dx^2}\left\{\varphi(s) - \frac{1}{A}\int_A \varphi(s)dA\right\} \tag{6.23}$$

と表される。

式 (6.23) でわかるように，式 (6.18) の積分定数 φ_0 は結果に影響を及ぼさない。これは φ_0 が変化しても断面が平行移動するだけであることを示している。応力の計算のためには，φ_0 は任意にとることができるから

$$\int_A \varphi dA = 0 \tag{6.24}$$

となるように φ_0 を定めてもよく，そうすると次式となる。

$$\sigma_x^* = E\frac{d^2\theta}{dx^2}\varphi(s) \tag{6.25}$$

6.3.4　そり拘束ねじりの二次せん断応力

そり拘束ねじりによる二次せん断応力は，つぎのように求められる。**図 6.13** に示すように，板の微小要素を取り出して考える。力のつり合いより

$$\left(\sigma_x^* + \frac{\partial\sigma_x^*}{\partial x}dx\right)tds - \sigma_x^*tds + \left(\tau^* + \frac{\partial\tau^*}{\partial s}ds\right)tdx - \tau^*tdx = 0$$

であり，これより

$$\frac{\partial(\tau^*t)}{\partial s} + \frac{\partial\sigma_x^*}{\partial x}t = 0 \tag{6.26}$$

が得られる。ここで t は板厚，τ^*t はせん断流である。s で積分すると

$$\tau^*t = -\int_0^s \frac{\partial\sigma_x^*}{\partial x}t(s)ds + (\tau^*t)_0$$

となる。ここで，$(\tau^*t)_0$ は原点におけるせん断流である。自由端を原点にとれば，そこでのせん断応力は 0 であり，$(\tau^*t)_0 = 0$ となるので

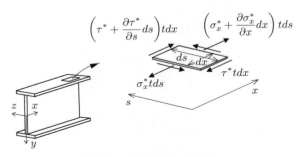

図 6.13　微小要素のつり合い

$$\tau^* t = -\int_0^s \frac{\partial \sigma_x^*}{\partial x} t(s) ds$$

となる。これに式 (6.25) を代入すると

$$\tau^* t = -E \frac{\partial^3 \theta}{\partial x^3} \int_0^s \varphi(s) t(s) ds \tag{6.27}$$

が得られる。

6.3.5 支配方程式の構築と解

前項までの考察により，$\theta(x)$ が求められれば，式 (6.25) より直応力 σ^* が，式 (6.27) よりせん断応力 τ^* が計算できる。$\theta(x)$ を求めるためには式 (6.16) を構成し，それを解かなければならない。そこで，二次せん断応力 τ^* によるねじりモーメント M_d^* を計算すると

$$M_d^* = \int_0^U \tau^* t(s) r(s) ds = \int_0^U \left\{ -E \frac{d^3 \theta}{dx^3} \int_0^s \varphi(s) t(s) ds \right\} r(s) ds$$

$$= -E \frac{d^3 \theta}{dx^3} \int_0^U \left\{ \int_0^s \varphi(s) t(s) ds \right\} r(s) ds \tag{6.28}$$

となる。ただし，U は板厚中心線の全長である。上式の積分を部分積分により変形すると

$$\left[\left\{ \int_0^s \varphi(s) t(s) ds \right\} \left\{ \int_0^s r(s) ds \right\} \right]_0^U - \int_0^U \{\varphi(s) t(s)\} \left\{ \int_0^s r(s) ds \right\} ds$$

$$= \int_0^U \varphi(s) t(s) ds \int_0^U r(s) ds$$

$$- \int_0^U \{\varphi(s) t(s)\} \left\{ \int_0^s r(s) ds \right\} ds \tag{6.29}$$

となる。式 (6.18) より

$$\int_0^s r(s) ds = \varphi_0 - \varphi(s) \tag{6.30}$$

であり，また $t(s) ds = dA$ であるから，式 (6.29) は

$$\int_A \varphi(s) dA \int_0^U r(s) ds - \int_A \varphi(s) \{\varphi_0 - \varphi(s)\} dA$$

$$= \int_A \varphi(s)dA \int_0^U r(s)ds - \varphi_0 \int_A \varphi(s)dA + \int_A \varphi(s)^2 dA \quad (6.31)$$

とも書ける。式 (6.24) より上式は第 3 項だけが残り，最終的に式 (6.28) は

$$M_d^* = -E\frac{d^3\theta}{dx^3} \int_A \varphi(s)^2 dA \qquad\qquad (6.32)$$

となる。ここで

$$C_w = \int_A \varphi(s)^2 dA \qquad\qquad (6.33)$$

とし，これをそりねじり定数（warping torsional constant）または曲げねじり定数と呼ぶ。そりねじり定数は長さの 6 乗の次元を持つ。また EC_w をそりねじり剛性（warping torsional rigidity）または曲げねじり剛性と呼ぶ。いくつかの断面のそりねじり定数を表 6.2 に示した[14]。

これを式 (6.16) に代入すると，そり拘束ねじりを受ける薄肉開断面ばりの支配方程式は

$$M_t = GJ\frac{d\theta(x)}{dx} - EC_w\frac{d^3\theta(x)}{dx^3} \qquad\qquad (6.34)$$

となる。この微分方程式の解は，端部でのみねじりモーメントが作用している場合など，M_t が一定である場合には

$$\theta = C_1 \cosh\lambda x + C_2 \sinh\lambda x + C_3 + \frac{M_t}{GJ}x \qquad\qquad (6.35)$$

$$\lambda = \sqrt{\frac{GJ}{EC_w}} \qquad\qquad (6.36)$$

と表される。C_1, C_2, C_3 は境界条件から定められる積分定数である。

一例として，長さ l の片持ちはりが，$x = 0$ で固定され，$x = l$ の自由端でねじりモーメント M_t を受けているとしよう。$x = 0$ では $\theta = 0$ であり，また，$\partial u/\partial s = 0$ であるから，式 (6.20) より $d\theta/dx = 0$ である。自由端 $x = l$ では $\sigma_x^* = 0$ であるから，式 (6.25) より $d^2\theta/dx^2 = 0$ である。これらを用いると，式 (6.35) の積分定数は

$$C_1 = -C_3 = \frac{M_t}{\lambda GJ}\tanh\lambda l, \quad C_2 = -\frac{M_t}{\lambda GJ} \qquad\qquad (6.37)$$

と定めることができる。

6.4 | 曲げとそり拘束ねじりとの対応関係

ここで，曲げ理論とそり拘束ねじり理論との比較について説明しておこう[15]。そりによる直応力は式 (6.25) により求められる。

$$\sigma_x^* = E\frac{d^2\theta}{dx^2}\varphi(s) \tag{6.38}$$

これを，曲げ応力を求める式（座標のとり方は図 7.1 を参照）

$$\sigma_x = \frac{M_z}{I_z}y = -E\frac{d^2v}{dx^2}y$$

と見比べてみると，ねじり角 θ がはりのたわみ v に対応し，そり関数 φ が中立軸からの距離 y に対応していることがわかる。そこで

$$M_\omega = \int_A \sigma_x^* \varphi dA \tag{6.39}$$

で示される量を定義し，これに式 (6.38) を代入すれば

$$M_\omega = E\frac{d^2\theta}{dx^2}\int_A \varphi(s)^2 dA = EC_w\frac{d^2\theta}{dx^2} \tag{6.40}$$

と表される。この M_ω を**バイモーメント**（bi-moment）または曲げねじりモーメントと呼ぶ。これを用いると，そりによる直応力は

$$\sigma_x^* = \frac{M_\omega}{C_w}\varphi(s) \tag{6.41}$$

と表すことができる。以上の対応関係は，**表 6.3** のようにまとめることができる。

表 6.3 曲げ理論とそり拘束ねじり理論との比較

曲げ理論	そり拘束ねじり理論
曲げモーメント $$M_z(x) = \int_A \sigma_x y dA$$	バイモーメント $$M_\omega(x) = \int_A \sigma_x^* \varphi dA$$
断面二次モーメント $$I_z = \int_A y^2 dA$$	そりねじり定数 $$C_w = \int_A \varphi^2 dA$$
曲げによる直応力 $$\sigma_x = \frac{M_z}{I_z}y$$	そりによる直応力 $$\sigma_x^* = \frac{M_\omega}{C_w}\varphi$$

6.5 ねじり耐力

　開断面の単純ねじりの場合，式 (6.13) で示したように，最大せん断応力は最も板厚の大きな板の表面に生じる。また，閉断面の単純ねじりでは，式 (6.15) に示したように，最大せん断応力は板厚の最も薄い箇所に生じる。それぞれの値は，式 (6.13), (6.15) より

$$\tau = h\frac{M_t}{J}$$

$$h = \begin{cases} t & （開断面） \\ \dfrac{J}{2Ft} & （閉断面） \end{cases}$$

のようにまとめることができる。単純ねじり耐力 T_{rs} は，せん断応力が設計せん断降伏強度 f_{vyd} に達するときの値として

$$T_{rs} = \frac{J}{h}f_{vyd} \tag{6.42}$$

となる。

　開断面においてそりによって生じる直応力は，式 (6.41) より

$$\sigma_x^* = \frac{M_\omega}{C_w}\varphi(s)$$

で表される。ここで M_ω はバイモーメント，$\varphi(s)$ はそり関数である。断面内における最大のそり関数の値を $\varphi_{\max}$ とすると，バイモーメント耐力 $M_{r\omega}$ は

$$M_{r\omega} = \frac{C_w}{\varphi_{\max}}f_{yd} \tag{6.43}$$

となる。ここで f_{yd} は設計降伏強度である。

　最後に，二次せん断応力とそりねじりモーメントの関係は，式 (6.27) および (6.32) より

$$\tau^* = -E\frac{\partial^3\theta}{\partial x^3}\frac{\displaystyle\int_0^s \varphi(s)t(s)ds}{t} = \frac{M_d^*}{C_w}\frac{\displaystyle\int_0^s \varphi(s)t(s)ds}{t}$$

である。断面における

$$\frac{\int_0^s \varphi(s)t(s)ds}{t}$$

の最大値を $(Q/t)_{\max}$ と表すことにすると，そりねじり耐力 $T_{r\omega}$ は，せん断応力が設計せん断降伏強度に達する際の値として

$$T_{r\omega} = \frac{C_w}{(Q/t)_{\max}}f_{vyd} \tag{6.44}$$

と表される。

演 習 問 題

〔**6.1**〕 単純ねじりを受ける丸棒にはそりが生じないことが知られている。直径 d の丸棒がねじりモーメント M_t を受けるときのせん断応力を求めよ。

〔**6.2**〕 図 **6.14** に示すような，断面積が同じ開断面と閉断面のねじり剛性の比を計算せよ。

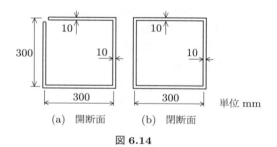

(a) 開断面　　(b) 閉断面

図 6.14

〔**6.3**〕 ウェブ高さ 200 mm，ウェブ厚 10 mm，上下フランジ幅 200 mm，上下フランジ厚 10 mm の I 形断面を有するはりについて，ウェブのそり関数が 0 であるとして上フランジのそり関数を求めよ。ただし，固有ねじり中心は図心位置にあるとする。

〔**6.4**〕 〔6.3〕に示す断面を有する長さ 2 m の片持はりの自由端に 100 N·m のねじりモーメントが作用するとき，固定端の断面の上フランジに生じる単純ねじりによるせん断応力，そりによる直応力，二次せん断応力の最大値をそれぞれ求めよ。ただし，弾性係数は 2×10^5 N/mm^2，ポアソン比は 0.3 とする。

7章 曲げを受ける部材の力学

◆本章のテーマ

　曲げを受ける部材では，引張部材としての特性と，圧縮部材としての特性を同時に考慮しなければならない。また，一般に断面にはせん断力も作用する。前半では，曲げを受ける部材の曲げ耐力および横ねじれ座屈耐力の理論的取扱いと，耐荷力の考え方について述べる。後半では，はりのウェブの力学について論じる。

◆本章の構成（キーワード）

7.1　曲げ耐力
　　　　降伏モーメント，全塑性モーメント，コンパクト断面

7.2　横ねじれ座屈
　　　　弾性横ねじれ座屈モーメント，ねじり定数比

7.3　曲げモーメントを受ける部材の設計
　　　　設計曲げ耐力，積公式，等価細長比

7.4　曲げを受ける部材のせん断耐力
　　　　せん断流理論，せん断中心

7.5　ウェブの座屈
　　　　せん断座屈，斜張力場理論

7.6　ウェブの設計
　　　　補剛材配置

7.7　曲げ部材の留意点

◆本章を学ぶと以下の内容をマスターできます

☞　曲げ破壊と横ねじれ座屈

☞　曲げを受ける部材の設計法

☞　薄肉断面のせん断応力

☞　ウェブの座屈とその防止法

7.1 | 曲 げ 耐 力

7.1.1 降伏モーメントと全塑性モーメント

図 7.1 のように座標をとり，はりに z 軸まわりの曲げモーメント M_z が作用する場合を考えよう。弾性範囲内では，よく知られているように，断面に生じる曲げ応力は

$$\sigma = \frac{M_z}{I_z} y$$

で与えられる（図 7.2 (a)）。ここで，I_z は中立軸まわりの断面二次モーメント，y は中立軸からの距離である。中立軸から最外縁までの距離を $y_{\max}$ とし，$W = I_z/y_{\max}$ とおけば，断面に生じる最大の曲げ応力と曲げモーメントとの関係は

$$\sigma_{\max} = \frac{M_z}{W} \quad \text{または} \quad M_z = W\sigma_{\max}$$

と表される。この W を**断面係数**（section modulus）という。

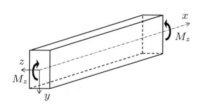

図 7.1 座 標 系

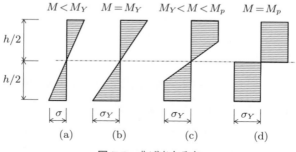

図 7.2 曲げ応力分布

　さて，材料が完全弾塑性体であり，その降伏応力が σ_Y であるとする。曲げモーメントを増加させると，図 (b) のように，いずれ最外縁が降伏応力 σ_Y に達する。このときの曲げモーメント M_Y は

$$M_Y = W\sigma_Y \tag{7.1}$$

で表され，これを**降伏モーメント**（yield moment）という。

　最外縁は降伏するが内部はまだ弾性域にあり，さらなる外力モーメントの増加に抵抗することができる。外力モーメントをさらに増していくと，降伏している領域ではそれ以上応力が増加しないため，降伏領域が内側に広がり，図 (c) のようになる。外力モーメントの増加につれて降伏領域が内側に広がり，最終的には図 (d) に示すように全断面が降伏した状態となる。上下対称断面の場合，断面の幅を $b(y)$ とすると，このときの曲げモーメント M_P は

$$M_P = 2\int_0^{h/2} \sigma_Y b(y)y\,dy = 2\sigma_Y \int_0^{h/2} b(y)y\,dy \tag{7.2}$$

で表され，これを**全塑性モーメント**（plastic moment）と呼ぶ。全塑性モーメントに達すると，さらなるモーメントの増加には抵抗できず，変形（回転）のみが進行する状態，すなわちヒンジの状態となる。ただし，通常のヒンジと異なり，ここでのヒンジは，曲げモーメント M_P は受け持った状態で回転が自由になる。このようなヒンジを**塑性ヒンジ**（plastic hinge）という。

　式 (7.2) の右辺において σ_Y を除いた部分を**塑性断面係数**（plastic section modulus）と呼ぶ。これを Z とすれば

$$M_P = Z\sigma_Y \tag{7.3}$$

である。

　全塑性モーメントと降伏モーメントの比により，降伏後，断面が崩壊するまでの耐力の余裕を表すことができる。式 (7.1), (7.3) より $M_P/M_Y = Z/W$ であり，この比は断面形状のみに依存する。そこで，この比を**形状係数**（shape factor）f と呼ぶ。代表的な断面の塑性断面係数と形状係数を**表 7.1** に示す。

表 7.1　塑性断面係数と形状係数

断面形状				
塑性断面係数 Z	$bt_f(h-t_f)+\dfrac{t_w}{4}(h-2t_f)^2$	$bt_f(h-t_f)+\dfrac{t_w}{2}(h-2t_f)^2$	$\dfrac{bh^2}{4}$	$\dfrac{d^3}{6}$
形状係数	$1.10\sim1.18$	$1.10\sim1.18$	1.50	1.70

充実断面（矩形断面など）では f は大きいが，薄肉の I 形断面や箱形断面では 1.1 ～ 1.2 程度とあまり大きくない。

7.1.2　断 面 の 分 類

引張力または圧縮力を受ける部材の設計では，降伏耐力を一つの限界値として考えてきたが，曲げを受ける部材では，断面の一部に降伏が生じることを許容し，耐力として全塑性モーメント M_P まで期待するという考え方が取り入れられ始めている。

土木学会標準示方書では，部材断面をつぎの三つに分類している。

(1)　**コンパクト断面**（compact section）：全塑性モーメントに到達することができる断面

(2)　**ノンコンパクト断面**（non-compact section）：圧縮域の最縁端で降伏ひずみに到達するが，局部座屈の発生により全塑性には至らない断面

(3)　**スレンダー断面**（slender section）：局部座屈により圧縮状態で降伏に至らない断面

コンパクト断面は M_P まで，ノンコンパクト断面は M_Y まで局部座屈を生じさせないというものであり，そのためには断面を構成する板には幅厚比の制限を設ける必要がある。曲げを受ける I 形断面はりを例にとると，コンパクト断面およびノンコンパクト断面に対する最大幅厚比は**表 7.2** のように示されている。

表 7.2　曲げを受ける I 形断面はりの最大幅厚比

断面図	断面要素	最大幅厚比（b/t）	
		コンパクト	ノンコンパクト
	ウェブ	$3.8\sqrt{\dfrac{E}{f_{yk}}}$	$4.2\sqrt{\dfrac{E}{f_{yk}}}$
	フランジ	$0.37\sqrt{\dfrac{E}{f_{yk}}}$	$0.45\sqrt{\dfrac{E}{f_{yk}}}$

土木学会標準示方書から抜粋

　コンパクト断面およびノンコンパクト断面の曲げ耐力は，つぎのように表される。

$$M_n = Z\sigma_Y：コンパクト断面 \tag{7.4}$$

$$M_n = W\sigma_Y：ノンコンパクト断面 \tag{7.5}$$

ここで，Z は塑性断面係数，W は圧縮縁の断面係数である。

　スレンダー断面に対しては，局部座屈による耐力の低下を考慮しなければならない。板要素の局部座屈による耐力の低減係数を Q_b とすると，スレンダー断面の曲げ耐力は

$$M_n = WQ_b\sigma_Y：スレンダー断面 \tag{7.6}$$

となる。Q_b の計算法として，土木学会標準示方書には有効断面に基づく考え方が示されている。

7.2　横ねじれ座屈

7.2.1　横ねじれ座屈とは

　はりに曲げモーメントが作用する場合，曲げモーメントが小さいうちは図 **7.3**
(a) に示すような通常のたわみ変形が生じる。しかし，はりは中立軸を境にし

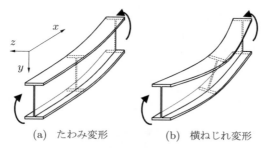

(a) たわみ変形　　　(b) 横ねじれ変形

図 7.3　横ねじれ座屈による変形

てその片側では圧縮を受ける。一般に，その部分の y 軸まわりの剛性は低いので，曲げモーメントが大きくなると，圧縮を受けている部分が水平方向に座屈することが考えられる。引張側では当然座屈は生じないので，はり全体としては，圧縮側が水平に大きく変形し，引張側がそれに引きずられるように変形して，図 (b) のようにねじれた形状となる。このような座屈を**横倒れ座屈，横座屈，横ねじれ座屈**（lateral buckling）と呼ぶ。

7.2.2　横ねじれ座屈モーメント

z 軸まわりの等曲げモーメント M を受けるはりについて，**図 7.4** のように座標をとって考察しよう。横ねじれ座屈が生じた直後において，z 軸まわりに生じていた曲げモーメントは，部材の変形によって y 軸および x 軸まわりの成分を有するようになり，それによって，はりには水平方向変位 w と断面のねじれ

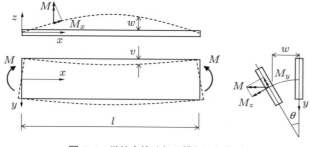

図 7.4　単純支持はりの横ねじれ座屈

変位 θ が生じる。図 7.4 を参考にして，これらの曲げモーメントの成分は

$$M_x = M \sin \frac{dw}{dx} \simeq M \frac{dw}{dx} \tag{7.7a}$$

$$M_y = M \sin \theta \simeq M\theta \tag{7.7b}$$

$$M_z = M \cos \theta \simeq M \tag{7.7c}$$

と表される。ただし，座屈直後の状態を考えており，変形は微小であるとした。これらにより，x 軸まわりのねじり，および y 軸，z 軸まわりの曲げの支配方程式が，つぎのように与えられる。

$$GJ \frac{d\theta}{dx} - EC_w \frac{d^3\theta}{dx^3} = M \frac{dw}{dx} \tag{7.8a}$$

$$EI_y \frac{d^2w}{dx^2} = -M\theta \tag{7.8b}$$

$$EI_z \frac{d^2v}{dx^2} = -M \tag{7.8c}$$

ここで，式 (7.8a) は式 (6.34) により導かれたものであり，GJ はサン-ブナンのねじり剛性，EC_w はそりねじり剛性である。EI_y, EI_z はそれぞれ y 軸，z 軸まわりの曲げ剛性である。

式 (7.8a) を x で微分し，それに式 (7.8b) を代入すると

$$EC_w \frac{d^4\theta}{dx^4} - GJ \frac{d^2\theta}{dx^2} - \frac{M^2}{EI_y}\theta = 0$$

が得られる。この式の一般解は

$$\theta = A \sinh \alpha_1 x + B \cosh \alpha_1 x + C \sin \alpha_2 x + D \cos \alpha_2 x$$

$$\alpha_1 = \sqrt{\lambda_1 + \sqrt{\lambda_1^2 + \lambda_2}}, \quad \alpha_2 = \sqrt{-\lambda_1 + \sqrt{\lambda_1^2 + \lambda_2}}$$

$$\lambda_1 = \frac{GJ}{2EC_w}, \quad \lambda_2 = \frac{M^2}{EC_w EI_y}$$

となる。$A \sim D$ は積分定数であり，境界条件から定められる。

このはりがねじりに対して単純支持されているとしよう。ねじりに対する単純支持とは，支点において断面の回転は拘束するが，そりは許容するというも

のであり，$x = 0$ および $x = l$ において $\theta = 0$ かつ $d^2\theta/dx^2 = 0$ で表される。境界条件が定まれば，あとは圧縮部材の座屈問題を解いたときと同じ手順で解を求めることができる。すなわち，連立方程式の係数行列式が 0 となる条件を解くことにより

$$\sin\alpha_2 l = 0 \quad \text{あるいは} \quad \alpha_2 l = n\pi \quad (n = 1, 2, 3, \cdots)$$

が得られる。α_2 を元に戻して整理すると

$$M = \frac{n\pi}{l}\sqrt{EI_y}\sqrt{\left(\frac{n\pi}{l}\right)^2 EC_w + GJ}$$

となる。このうち最小の M は $n = 1$ のときで

$$M_E = \frac{\pi}{l}\sqrt{EI_y}\sqrt{\left(\frac{\pi}{l}\right)^2 EC_w + GJ} \tag{7.9}$$

である。これがねじりに対して単純支持されたはりの弾性横ねじれ座屈モーメントである。他の荷重条件や支持条件の場合の結果も求められている[6]。

　なお，上式の l は部材長さを表すが，横ねじれ座屈を考える際の部材長さとしては，圧縮フランジの固定間距離をとればよい。例えば図 **7.5** に示すようなプレートガーダーでは，圧縮フランジは横構によって支持されていると考え，横構の取付間隔を固定間距離としてよい。

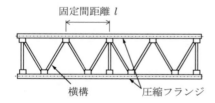

図 **7.5** 圧縮フランジの固定間距離の例

7.2.3 ねじり定数比

　式 (7.9) の二つ目の根号内の第 1 項は，そりねじりに対する項，第 2 項は単純ねじりに対する項である。そこで，その比を

$$\chi = l\sqrt{\frac{GJ}{EC_w}} \tag{7.10}$$

のようにとり，これを**ねじり定数比**（torsional constant ratio）という。ねじり
定数比が大きければ単純ねじりの影響が，小さければそりねじりの影響が相対
的に大きくなることを意味する。一般にねじり定数比は開断面では小さく，閉
断面では大きい。ただし，ねじり定数比は l の関数でもある点に注意する必要
がある。土木学会標準示方書では，$\chi < 0.4$ の場合には単純ねじりモーメント
を，$\chi > 10$ のときにはそりねじりモーメントを無視してよいこととしている。

　一般に，横ねじれ座屈が問題になるような断面では，χ の値は小さく，単純
ねじりの影響は無視できる。このとき，式 (7.9) は

$$M_E \simeq \frac{\pi}{l}\sqrt{EI_y}\sqrt{\left(\frac{\pi}{l}\right)^2 EC_w} = \frac{\pi^2 E}{l^2}\sqrt{I_y C_w} \qquad (7.11)$$

となる。

7.2.4　柱の座屈問題への置き換え

　式 (7.11) で表される横ねじれ座屈モーメントは，図 **7.6** に示すような 2 軸
対称断面を仮定すると，つぎのようにして応力度表示をすることができる。図
より

$$I_y = \frac{2t_f b^3}{12} = \frac{b^2 A_f}{6}$$

であり，C_w は表 6.2 より

$$C_w = \frac{h^2 b^3 t_f}{24} = \frac{h^2 b^2 A_f}{24}$$

であるので，式 (7.11) は

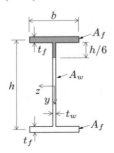

図 **7.6**　2 軸対称断面の例

$$M_E \simeq \frac{\pi^2 E}{l^2} \frac{hb^2 A_f}{12} \tag{7.12}$$

となる。さらに，z 軸に関する断面係数 W は

$$W = \frac{2}{h} I_z = \frac{2}{h} \left(2A_f \frac{h^2}{4} + \frac{A_w h^2}{12} \right) = \frac{hA_f}{3} \left(3 + \frac{A_w}{2A_f} \right)$$

であるから，横ねじれ座屈応力は

$$\sigma_E = \frac{M_E}{W} = \frac{\pi^2 E}{4 \left(3 + \dfrac{A_w}{2A_f} \right) \left(\dfrac{l}{b} \right)^2} \tag{7.13}$$

と表される。

この横ねじれ座屈応力と等しい座屈応力を持つ柱を考えれば，横ねじれ座屈を柱の座屈問題として取り扱うことができる。上記の横ねじれ座屈応力を，式 (5.14) に示される柱の弾性座屈応力と等置すると

$$\lambda_e = \sqrt{4 \left(3 + \frac{A_w}{2A_f} \right)} \left(\frac{l}{b} \right) \tag{7.14}$$

が得られる。これを**等価細長比**（equivalent slenderness ratio）と呼ぶ。

上記はまた，図 7.6 の網掛けで示される領域，すなわち圧縮フランジとウェブの 1/6 の部分を柱と見立て，それが横方向に座屈するとしたときの座屈強度に等しい。なぜならば，この部分の y 軸に関する断面二次モーメント I_y と断面二次半径 r が

$$I_y \simeq \frac{b^2 A_f}{12}, \quad r = \sqrt{\frac{I_y}{A}} \simeq \sqrt{\frac{b^2 A_f}{12(A_f + A_w/6)}} = \frac{b}{\sqrt{4 \left(3 + \dfrac{A_w}{2A_f} \right)}}$$

となって，細長比が

$$\lambda = \frac{l}{r} = \sqrt{4 \left(3 + \frac{A_w}{2A_f} \right)} \left(\frac{l}{b} \right)$$

となり，式 (7.14) と等しくなるからである。

等価細長比を用い，表 5.4 などに示される柱に対する耐荷力曲線から座屈強度を求め，これを横ねじれ座屈強度とみなすことが可能であり，鉄道橋設計標準ではこの考え方を採用している。

7.2.5 横ねじれ座屈耐力

横ねじれ座屈に対しても，材料の非線形性，初期不整などが影響を及ぼすため，最終的には多くの実験結果を基にして耐荷力曲線が提案されている。

土木学会標準示方書で示されている，横ねじれ座屈を考慮した曲げ耐力 M_{cr} は次式で表される。

$$\frac{M_{cr}}{M_n} = \begin{cases} 1.0 & (\overline{\lambda}_b \leq \overline{\lambda}_{b0}) \\[2ex] \dfrac{\beta_b - \sqrt{\beta_b^2 - 4\overline{\lambda}_b^2}}{2\overline{\lambda}_b^2} & (\overline{\lambda}_b > \overline{\lambda}_{b0}) \end{cases} \tag{7.15a}$$

$$\beta_b = 1 + \alpha_b(\overline{\lambda}_b - \overline{\lambda}_{b0}) + \overline{\lambda}_b^2 \tag{7.15b}$$

M_n は式 (7.4) ～ (7.6) に示す曲げ耐力である。α_b は初期不整を考慮した係数，$\overline{\lambda}_{b0}$ は限界細長比パラメータであり，表 7.3 のように与えられる。$\overline{\lambda}_b$ ははりの細長比パラメータ（$= \sqrt{M_n/M_E}$）である。M_E は弾性横ねじれ座屈モーメントであり，例えば曲げモーメントを受ける 2 軸対称部材が単純支持されている場合は式 (7.9) に示したとおりであるが，荷重条件や支持条件などによって異なった値となる。詳細は土木学会標準示方書を参照されたい。

表 7.3 はりの曲げ耐力式のパラメータ

	α_b	$\overline{\lambda}_{b0}$
圧延 I, H 形断面，箱形，π 形断面	0.15	0.40
溶接 I, H 形断面	0.25	0.40

道路橋示方書では，横ねじれ座屈に対する耐荷力曲線を次式で与えている。

$$\frac{\sigma_{cr}}{\sigma_Y} = \begin{cases} 1.0 & (\lambda_b \leq 0.2) \\[1ex] 1.0 - 0.412(\lambda_b - 0.2) & (\lambda_b > 0.2) \end{cases} \tag{7.16}$$

ここで，細長比パラメータ $\lambda_b = \sqrt{\sigma_Y/\sigma_E}$ は，式 (7.13) を基に次式で求める。

$$\lambda_b = \frac{2}{\pi} K \sqrt{\frac{\sigma_Y}{E}} \frac{l}{b}, \quad K = \begin{cases} 2 & (A_w/A_c \leq 2) \\ \sqrt{3 + \dfrac{A_w}{2A_c}} & (A_w/A_c > 2) \end{cases} \tag{7.17}$$

ここで，A_w はウェブの断面積，A_c は圧縮フランジの断面積，b は圧縮フランジの幅，l は圧縮フランジの固定間距離である。上式は図 7.6 などの 2 軸対称断面での結果を基にしているが，それ以外の場合においてもこれを用いてよいこととしている。

7.3 | 曲げモーメントを受ける部材の設計

曲げモーメントを受ける部材の設計に際しては，はりの曲げ降伏，圧縮側の板の局部座屈，横ねじれ座屈を考えなければならない。このほかに，曲げによるウェブの座屈も考える必要があるが，これについては 7.6 節で述べる。

7.3.1 土木学会標準示方書の方法

土木学会標準示方書では，式 (7.15a) を基に，以下のように設計曲げ耐力 M_{rd} を与えている。

$$M_{rd} = \begin{cases} \dfrac{M_n}{\gamma_b} & (\overline{\lambda}_b \leq \overline{\lambda}_{b0}) \\ \dfrac{M_n}{\gamma_b} \dfrac{\beta_b - \sqrt{\beta_b^2 - 4\overline{\lambda}_b^2}}{2\overline{\lambda}_b^2} & (\overline{\lambda}_b > \overline{\lambda}_{b0}) \end{cases} \tag{7.18}$$

M_n は断面種別によって異なり

$$M_n = \begin{cases} Z f_{yd} & \text{コンパクト断面} \\ W f_{yd} & \text{ノンコンパクト断面} \\ W Q_b f_{yd} & \text{スレンダー断面} \end{cases}$$

で表される。f_{yd} は設計降伏強度であり，その他のパラメータの意味は式 (7.4) 〜

(7.6) と同じである。ただし, 細長比パラメータ $\overline{\lambda}_b = \sqrt{M_n/M_E}$ の計算に用いる M_n を算出するにあたっては, 圧縮部材のところで述べた理由により, 設計降伏強度 f_{yd} ではなく降伏強度の特性値 f_{yk} を用いる。また, 圧縮フランジがコンクリート床版などに固定されていて, 横ねじれ座屈が生じない場合には, $\overline{\lambda}_b$ は $\overline{\lambda}_{b0}$ より小さいものとしてよい。部材係数 γ_b は, 圧延 I・H 形断面および箱形・π 形断面では 1.04, 溶接 I・H 形断面では 1.08 としている。

曲げを受ける部材の, 曲げモーメントに対する照査は, 上記の設計曲げ耐力 M_{rd} と, 設計曲げモーメント M_{sd} により

$$\gamma_i \frac{M_{sd}}{M_{rd}} \leqq 1.0 \tag{7.19}$$

によって行う。ここで, γ_i は構造物係数である。

7.3.2 鉄道橋設計標準の方法

鉄道橋設計標準では, 引張縁での降伏曲げ耐力, 圧縮縁での板の局部座屈を考慮した曲げ耐力, 横ねじれ座屈を考慮した曲げ耐力をそれぞれ求め, その中で最小のものを設計曲げ耐力とする。

引張側での設計曲げ降伏耐力は

$$M_{rd} = \frac{W_t f_{yd}}{\gamma_b} \tag{7.20}$$

で求められる。ここで, W_t は引張縁の断面係数である。

圧縮側の板の局部座屈を考慮した曲げ耐力は, 柱の場合と同様に積公式を用いて

$$M_{rd} = \frac{W_c \rho_l f_{yd}}{\gamma_b} \tag{7.21}$$

により求める。W_c は圧縮縁の断面係数である。ρ_l は板の局部座屈の影響を考慮するための低減係数であり, 表 5.6 または式 (5.41) により求めた σ_{cr}/σ_Y の値とする。

横ねじれ座屈を考慮した曲げ耐力も積公式により求める。

$$M_{rd} = \frac{W_c \rho_g f_{yd}}{\gamma_b} \tag{7.22}$$

ここで, ρ_g は横ねじれ座屈の影響を考慮するための低減係数であり, 式 (7.14) の等価細長比を用いて, 表 5.4 に示した柱の耐荷力曲線により求めた N_{cr}/N_Y の値とすればよい。

なお, 断面係数 W_t, W_c は総断面に対して計算してよいが, フランジにボルト孔がある場合には, その影響を考慮するため, フランジの有効断面積 A_n と総断面積 A_g の比 A_n/A_g を乗じて, 曲げ耐力を減じることとしている。有効断面積とは, 引張フランジでは純断面積, 圧縮フランジでは総断面積のことであり, 詳しくは 10.4.2 項で説明する。

式 (7.20) 〜 (7.22) によって計算される曲げ耐力のうち, 最小のものが設計曲げ耐力となる。ただし, 細長比パラメータや幅厚比パラメータの計算においては, 設計降伏強度 f_{yd} ではなく降伏強度の特性値 f_{yk} を用いることは先と同様である。照査式は式 (7.19) と同じである。

7.3.3 道路橋示方書の方法

道路橋示方書においても, 降伏, 横ねじれ座屈, 局部座屈に対する制限値のうちの最小のものを限界値とする考え方は同じである。曲げ引張応力度の制限値 σ_{tud}, 曲げ圧縮応力度の制限値 σ_{cud} はそれぞれ

$$\sigma_{tud} = \xi_1 \cdot \xi_2 \cdot \Phi_{Rt} \cdot f_{yk} \tag{7.23}$$

$$\sigma_{cud} = \xi_1 \cdot \xi_2 \cdot \Phi_{Rc} \cdot \rho_g \cdot f_{yk} \tag{7.24}$$

である。ここで, f_{yk} は降伏強度の特性値, ξ_1 は調査・解析係数, ξ_2 は部材・構造係数である。Φ_{Rt}, Φ_{Rc} は抵抗係数である。ρ_g は横ねじれ座屈に対する圧縮応力度の特性値に関する補正係数であり, 式 (7.16) に示す σ_{cr}/σ_Y の値を用いればよい。ただし, 圧縮フランジがコンクリート系床版で直接固定されている場合などには横ねじれ座屈を考慮する必要はないため 1.0 とする。

また, 局部座屈に対する圧縮応力度の制限値が上記よりも小さい場合には, そ

れを制限値とする。局部座屈に対する圧縮応力度の制限値は、上式の ρ_g の代わりに表 5.6 や式 (5.41) に示される σ_{cr}/σ_Y を用いて算出する。

なお、引張フランジにボルト孔がある場合には、引張フランジの総断面積 A_g と純断面積 A_n の比 A_g/A_n を乗じることにより、曲げ引張応力度を割り増すこととしている。

7.4 | 曲げを受ける部材のせん断耐力

曲げを受ける部材は、一般に部材軸に直角な方向の力を受け、断面にはせん断力が発生する。せん断力の大部分はウェブで負担されることになるため、ウェブはせん断に対して安全である必要がある。せん断耐力は、ウェブに生じるせん断応力がせん断降伏強度に達するときのせん断力として求められる。ところで、薄肉断面のせん断応力は、矩形断面などに対する求め方では適切に求めることができない。そこでまず、薄肉部材のせん断応力を求める理論について説明しておく。

7.4.1 薄肉断面部材の曲げせん断応力

図 **7.7** に示すように座標系をとり、薄肉断面はりが集中荷重を受けている場合を考えよう。このはりを構成する板の一部を取り出し、板厚中心に沿って s 軸をとるものとしよう。図 **7.8** に、図 6.13 の応力の記号を変えたものを再掲する。ここではせん断応力 τ_{sx} を単に τ と表し、微小要素内で dx 方向には板厚 t は一定とする。微小要素の力のつり合いを考えると、式 (6.26) と同様に

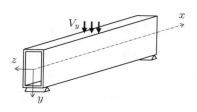

図 **7.7** 座 標 系

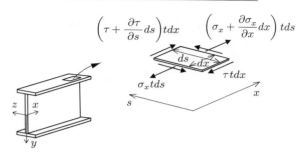

図 **7.8** 微小要素のつり合い

$$\frac{\partial \sigma_x}{\partial x}t + \frac{\partial(\tau t)}{\partial s} = 0 \tag{7.25}$$

が得られる。これを s について積分すると

$$\tau t = -\int_0^s \frac{\partial \sigma_x}{\partial x}t(s)ds + (\tau t)_0 \tag{7.26}$$

となる。ここで，$(\tau t)_0$ は $s = 0$ におけるせん断流である。以降，せん断流 τt は q で，$(\tau t)_0$ は q_0 で表すこととする。

曲げを受けるはりにおいては

$$\frac{\partial \sigma_x}{\partial x} = \frac{y}{I_z}\frac{\partial M_z}{\partial x} = \frac{V_y y}{I_z}$$

であるから，式 (7.26) は

$$q = q_0 - \frac{V_y}{I_z}\int_0^s yt(s)ds \tag{7.27}$$

となる。ここで，M_z は z 軸まわりの曲げモーメント，I_z は断面二次モーメント，V_y は y 方向に働くせん断力である。

7.4.2 開断面のせん断応力

例として図 **7.9** (a) に示すような溝形断面を取り上げ，前項のせん断流理論によってせん断応力を求めてみる。開断面の場合，計算を始める起点として自由縁を選ぶと，その位置では $\tau = 0$，すなわち $q = 0$ となって都合がよい。

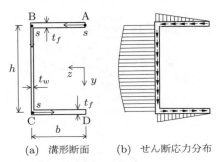

(a) 溝形断面　　　(b) せん断応力分布

図 7.9 溝形断面のせん断応力分布

　点 A を原点とし，図 7.9 (a) に示すように s 軸を設定する。板 AB のせん断流は点 A において 0 であり，$y = -h/2$ であることを考慮すれば，式 (7.27) より

$$q = -\frac{V_y}{I_z} \int_0^s \left(-\frac{h}{2} \right) t_f ds = \frac{V_y h t_f}{2I_z} s$$

となる。また，点 B におけるせん断流は $q|_{s=b} = V_y b h t_f / (2I_z)$ である。

　板 BC については，点 B に原点をとり，点 C に向かう方向に s 軸を設定し直す。$y = s - h/2$ であるから

$$q = \frac{V_y b h t_f}{2I_z} - \frac{V_y}{I_z} \int_0^s \left(s - \frac{h}{2} \right) t_w ds = \frac{V_y}{2I_z} \{ b h t_f + (h - s) s t_w \}$$

となり，点 C におけるせん断流は $q|_{s=h} = V_y b h t_f / (2I_z)$ となる。

　板 CD については，点 C が原点となるように s 軸をとり直し，$y = h/2$ を使って

$$q = \frac{V_y b h t_f}{2I_z} - \frac{V_y}{I_z} \int_0^s \frac{h}{2} t_f ds = \frac{V_y h t_f}{2I_z} (b - s)$$

が得られる。

　以上でせん断流が求められたので，それぞれの位置での板厚で除すことにより，せん断応力は

$$\tau(s) = \frac{V_y}{2I_z} \times \begin{cases} hs & \text{板 AB, 点 A が原点} \\ bh\dfrac{t_f}{t_w} + (h-s)s & \text{板 BC, 点 B が原点} \\ h(b-s) & \text{板 CD, 点 C が原点} \end{cases}$$

図 7.10 I 形断面の
せん断流

と求められる。以上の結果を図 7.9 (b) に示す。点 B と
点 C では 2 枚の板が交差するが，交差する位置において
2 枚の板のせん断流は等しくなる。

図 **7.10** に示す I 形断面の点 B などでは，左右のフラン
ジとウェブとの 3 枚の板が交差している。この場合には，
点 B に板 AB から流れ込むせん断流と板 CB から流れ込
むせん断流の和が，板 BE に流出すると考えればよい。

7.4.3 せん断中心

前項の例題において，板 AB, BC, CD のせん断応力を積分して，それぞれの
板に生じるせん断力を計算してみよう。すると

$$V = \begin{cases} \dfrac{V_y h}{2I_z} \displaystyle\int_0^b s t_f ds = \dfrac{V_y h b^2 t_f}{4I_z} & \text{板 AB} \\[3mm] \dfrac{V_y}{2I_z} \displaystyle\int_0^h \left\{ bh\dfrac{t_f}{t_w} + (h-s)s \right\} t_w ds = V_y & \text{板 BC} \\[3mm] \dfrac{V_y h}{2I_z} \displaystyle\int_0^b (b-s) t_f ds = \dfrac{V_y h b^2 t_f}{4I_z} & \text{板 CD} \end{cases}$$

が得られる。この結果を図示すると**図 7.11** のようになる。例えば点 E まわり
のモーメントは

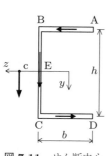

$$M_{x,E} = -V_{AB}\frac{h}{2} - V_{CD}\frac{h}{2} = -\frac{V_y h^2 b^2 t_f}{4I_z}$$

となり，ねじりモーメントが発生していることになる。こ
れが生じないためには，鉛直荷重 V_y が図 7.11 中の点 c，
すなわち点 E から左側に

図 7.11 せん断中心

$$e = -\frac{M_{x,E}}{V_y} = \frac{h^2 b^2 t_f}{4I_z}$$

の距離にある点 c に作用する必要がある。このような点を**せん断中心**（shear center）と呼ぶ。荷重がせん断中心に作用していないと，断面内にねじりモーメントが生じることとなる。せん断中心は前章の固有ねじり中心と同じであり，おもな断面のせん断中心はすでに表 6.2 に示されている。

7.4.4 閉断面のせん断応力

図 **7.12** に示すような閉断面の場合には，自由縁がない。そこで，任意の位置で仮想的に切断して自由縁を作り出すとともに，変位の適合条件を使ってせん断流を求める。

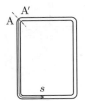

図 7.12 閉断面の
仮想的な切断

図 7.12 に示すように，仮想的に切断した点 A を原点として s 軸を設定する。任意の位置 s でのせん断流は，式 (7.27) より

$$q = q_A - \frac{V_y}{I_z} \int_0^s ytds \tag{7.28}$$

と表される。ただし，q_A は点 A でのせん断流であり，未知数である。ここで，右辺第 2 項を q_s とおき

$$q = q_A + q_s \tag{7.29}$$

と表そう。さて，せん断応力に対応するせん断ひずみは $\gamma = \tau/G$ であり，せん断によって生じる変位はそれを積分すればよい。点 A から板に沿って 1 周し，点 A′ に戻ってきたときには，変位が一致しなければならないので

$$\oint \gamma ds = \oint \frac{\tau}{G} ds = \frac{1}{G} \oint \frac{q}{t} ds = 0$$

でなければならない。ここで $\oint$ は周積分を表す。これに式 (7.29) を代入すると

$$\oint \frac{q}{t} ds = q_A \oint \frac{1}{t} ds + \oint \frac{q_s}{t} ds = 0$$

が得られ

$$q_A = -\frac{\oint \dfrac{q_s}{t} ds}{\oint \dfrac{1}{t} ds} \tag{7.30}$$

となる。これより q_A が定まるので，式 (7.28) により任意の位置におけるせん断流を求めることができる。また，せん断流をそれぞれの位置での板厚で除すことにより，せん断応力が求められる。

7.4.5 せ ん 断 耐 力

溝形断面のせん断応力分布からもわかるように，せん断流の考え方によれば，せん断力に抵抗しているのはウェブのみである。また，ウェブの応力分布は二次関数で表されるが，その変化は比較的小さい。そのため，設計基準類では，ウェブ内に均一にせん断応力が生じると考え，次式によってせん断耐力を求めることとしている。

$$V_r = A_w \tau_Y \tag{7.31}$$

ここで，τ_Y はせん断降伏強度，A_w はウェブの断面積である。

このように，じつはせん断流理論はウェブに対しては使われていないのであるが，フランジのせん断に対する照査を行おうとする場合などには，せん断流理論が必要となる。

7.5 ウェブの座屈

ウェブの座屈には，曲げによる座屈とせん断による座屈がある。

曲げによる座屈強度は，表 5.5 に示した曲げを受ける板の座屈係数（= 23.9）を用いて，式 (5.35) により幅厚比パラメータを計算し，それを表 5.6 の式に代入することで得られる。

　一方，ウェブが純せん断を受ける場合，**図 7.13** に示すように，ウェブの主応力は 45 °をなす方向に生じる。片方は引張，片方は圧縮となり，その絶対値は等しい。せん断力が大きくなると，いずれ圧縮の主応力を受けている方向に座屈が生じることになる。このような座屈はせん断座屈と呼ばれる。土木学会標準示方書では，せん断座屈強度 τ_{cr} として次式が示されている。

$$\frac{\tau_{cr}}{f_{vyd}} = \begin{cases} 1.0 & (R_s \leq 0.6) \\ 1 - 0.614(R_s - 0.6) & (0.6 < R_s \leq \sqrt{2}) \\ 1/R_s^2 & (\sqrt{2} < R_s) \end{cases} \tag{7.32}$$

ここで，f_{vyd} は設計せん断降伏強度，R_s はウェブの幅厚比パラメータであり，R_s の計算に用いる座屈係数は，表 5.5 に示したせん断を受ける板の座屈係数とする。

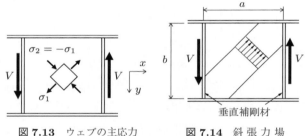

図 7.13　ウェブの主応力　　　**図 7.14**　斜 張 力 場

　せん断座屈が発生したあとでも，**図 7.14** に示すように，引張主応力方向ではさらなる応力の増加に耐えることができるため，後座屈強度が期待できる。斜め方向に発生するこのような働きを**張力場作用**（tension field action）といい，張力場の力のつり合いからせん断耐力を求める方法を斜張力場理論という。土木学会標準示方書には，斜張力場理論によってウェブのせん断座屈耐力を求める式も示されている。

7.6 ウェブの設計

ウェブのせん断降伏に対しては

$$V_{rd} = \frac{A_w f_{vyd}}{\gamma_b} \tag{7.33}$$

により設計せん断耐力を求め

$$\gamma_i \frac{V_{sd}}{V_{rd}} \leq 1.0 \tag{7.34}$$

によって照査を行えばよい。ここで，f_{vyd} は設計せん断降伏強度，A_w はウェブの断面積，V_{sd} は設計せん断力，γ_b は部材係数，γ_i は構造物係数である。

道路橋示方書では，せん断応力が次式で示される制限値 τ_{ud} を超えないことを確認する。

$$\tau_{ud} = \xi_1 \cdot \xi_2 \cdot \Phi_R \cdot f_{vyk} \tag{7.35}$$

ここで，f_{vyk} はせん断降伏強度の特性値，Φ_R は抵抗係数，ξ_1 は調査・解析係数，ξ_2 は部材・構造係数である。

一方，ウェブの座屈に対する照査方法には，いくつかの考え方がある。

土木学会標準示方書では，式 (7.32) における τ_{cr} を用い

$$V_{rd} = \frac{A_w \tau_{cr}}{\gamma_b} \tag{7.36}$$

により設計せん断座屈耐力を求め，式 (7.34) により照査を行うこととしている。ここで，A_w はウェブの断面積であり，部材係数 γ_b は 1.0 としている。

道路橋示方書や鉄道橋設計標準では，せん断座屈耐力そのものによる規定は設けず，座屈が生じることのないようウェブの幅厚比や補剛材の配置を定めることとしている。具体的には以下のような検討を行う。

(1) 曲げモーメント（純曲げ）によってウェブに座屈が生じることのないよう，ウェブの最大幅厚比を決定する。必要に応じて水平補剛材を設ける。

(2) 曲げモーメントとせん断によってウェブに座屈が生じることのないよう，

垂直補剛材の間隔を決定する。

以下にそれぞれの詳細を示す。

純曲げを受ける板に座屈が生じない限界幅厚比は，式 (5.42) を参照して，次式で与えられる。

$$\left(\frac{b}{t}\right)_0 = R_{cr}\pi\sqrt{\frac{k_b}{12(1-\nu^2)}}\sqrt{\frac{E}{f_{yk}}} \qquad (7.37)$$

ここで，b はウェブ高さ，t はウェブ厚，f_{yk} は降伏強度の特性値である。k_b は座屈係数であり，表5.5 より $k_b = 23.9$ である。R_{cr} は限界幅厚比パラメータであり，式 (5.42) ではこれを 0.7 などとしたが，ここでは 1.0 としてよいとしている。これは，圧縮応力が最も大きくなる圧縮縁において，ウェブとフランジの溶接による引張の溶接残留応力が生じており，座屈強度に与える溶接残留応力の影響が小さいことを考慮したためである。

ウェブの幅厚比をこれ以下にすることで，純曲げに対する座屈を防止する。この規定に収まらない場合には，水平補剛材を設けることで，座屈耐力を大きくすることができる。例えば，水平補剛材を圧縮フランジから 0.2b（b はウェブ高さ）の位置に設けた場合の座屈係数は 129 としてよいことが知られている。式 (7.37) から計算される，水平補剛材がない場合と，水平補剛材を 1 段設けた場合の最大幅厚比を**表 7.4** に示しておく。なお，本来，水平補剛材を設ける位置は任意であるが，繰返し計算によって最適位置が求められており，道路橋示方書では，**図 7.15** に示すように，1 段配置の場合には圧縮フランジから 0.2b に，2 段配置の場合には 0.14b と 0.36b 付近に配置するのがよいとしている[†]。

表 7.4 ウェブの最大幅厚比の例[3)]

	水平補剛材がない場合	水平補剛材 1 段配置の場合
SM400, SMA400	132.8	308.5
SM490	115.3	267.9
SM490Y, SM520, SMA490	108.8	252.8
SM570, SMA570	96.9	225.1

板厚 16 mm 以下の場合

[†] 鉄道橋設計標準では 0.12b と 0.28b を推奨している。

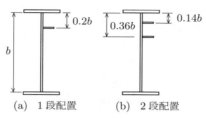

図 7.15 水平補剛材の配置

(a) 1段配置　　(b) 2段配置

一方，曲げおよびせん断による座屈は，垂直補剛材を適切に配置することによって防止する。曲げによる座屈とせん断による座屈の強度相関式として次式を仮定する。

$$\gamma_i^2 \left\{ \left(\frac{\sigma_d}{\sigma_{cr}} \right)^2 + \left(\frac{\tau_d}{\tau_{cr}} \right)^2 \right\} \leq 1.0 \tag{7.38}$$

ここで，σ_d, τ_d は設計曲げ応力（縁圧縮応力）と設計せん断応力である。σ_{cr}, τ_{cr} はそれぞれ曲げとせん断に対する座屈強度であり，以下により与えられる。

$$\sigma_{cr} = k_b \frac{\pi^2 E}{12(1 - \nu^2)} \left(\frac{t}{b} \right)^2, \quad \tau_{cr} = k_s \frac{\pi^2 E}{12(1 - \nu^2)} \left(\frac{t}{b} \right)^2 \tag{7.39}$$

ここで，b はウェブ高さ，t はウェブ厚である。k_b は曲げに対する座屈係数，k_s はせん断に対する座屈係数であり，それぞれ表 5.5 に示されている。ただし，表中の α は，ここでは図 7.14 に示した垂直補剛材間隔 a とウェブ高さ b の比であり，$\alpha = a/b$ である。式 (7.39) を式 (7.38) に代入して整理すると，次式が得られる。

$$\gamma_i^2 \left(\frac{b}{t} \right)^4 \left\{ \frac{12(1 - \nu^2)}{\pi^2 E} \right\}^2 \left\{ \left(\frac{\sigma_d}{k_b} \right)^2 + \left(\frac{\tau_d}{k_s} \right)^2 \right\} \leq 1.0 \tag{7.40}$$

上式を満たすような間隔 a で垂直補剛材を設置することで，ウェブの座屈を防止する。

以上の考え方は道路橋示方書と鉄道橋設計標準で同一であるが，安全率の考え方に若干の差がある。

7.7 | 曲げ部材の留意点

　曲げ耐力などの算出にあたり，断面二次モーメントを求めることが必要となるが，フランジの幅が大きいはりの場合には，以下の点に注意が必要である。

　はり理論によれば，フランジの曲げ応力は幅方向にわたって一定のはずである。しかし，支間長に対して幅の広いフランジでは，**図 7.16** に示すようにフランジの応力は幅方向に一定にはならず，ウェブとの交差位置で応力が増加する。この現象を**せん断遅れ**（shear lag）という。これは，例えば図 7.9 に示したように，薄肉フランジのせん断応力が幅方向に変化するため，それにつり合うように付加的な直応力が生じることによる。

図 7.16 せん断遅れ

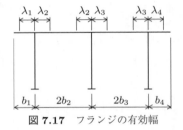

図 7.17 フランジの有効幅

　立体モデルに対する有限要素解析などを行えば，せん断遅れの影響を取り込んだ応力分布を得ることができる。しかし，設計においては取扱いを簡単にするため，式 (5.38) によって定義されるフランジの有効幅の概念を用いることで，せん断遅れの影響を考慮する。道路橋示方書では，例えば単純桁の有効幅として**図 7.17** に示す λ を以下の式で求めることとしている。

$$\lambda = \begin{cases} b & (b/l \leq 0.05) \\ \left(1.1 - 2\dfrac{b}{l}\right) b & (0.05 < b/l \leq 0.30) \\ 0.15l & (0.30 \leq b/l) \end{cases} \tag{7.41}$$

ここで，l は支間長である。上式によれば，フランジの片側幅 b が $l/20$ 以下であれば全幅を有効幅とできるため，通常のはりではあまり問題にならない。し

かし，床版と桁とが一体となって曲げに抵抗する構造（合成桁や鋼床版桁など）では，上記に従って有効幅を求め，断面二次モーメントの計算は，ウェブと，有効幅以内のフランジ部分に対して行うこととなる。

演 習 問 題

〔**7.1**〕 ウェブ高さ 600 mm，ウェブ厚 9 mm，上下フランジ幅 200 mm，上下フランジ厚 10 mm の I 形断面はりの断面種別を判定し，曲げ耐力の特性値 M_n を求めよ。ただし，ウェブ，フランジとも鋼種は SM490Y とし，材料係数は 1.0 とする。弾性係数は 2×10^5 N/mm^2 とする。

〔**7.2**〕 〔7.1〕に示す断面を有するはりの弾性横ねじれ座屈耐力を求めよ。ただし，圧縮フランジの固定間距離は 2 m であり，そこで単純支持されているとしてよい。板のポアソン比は 0.3 とする。

〔**7.3**〕 土木学会標準示方書に従い，〔7.2〕に示すはりの設計曲げ耐力を求めよ。ただし，はりは溶接で製作されたものとし，部材係数は 1.08 とする。

〔**7.4**〕 図 **7.18** に示す溝形断面に 100 kN のせん断力が鉛直方向に作用するときのせん断応力をせん断流理論によって求めよ。その結果を，ウェブの断面積でせん断力を除した平均せん断応力と比較してみよ。

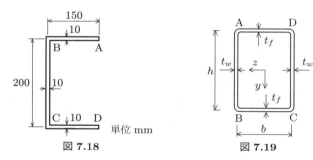

図 **7.18**　　　　　図 **7.19**

〔**7.5**〕 図 **7.19** に示す箱形断面に鉛直方向にせん断力 V_y が作用するときの，せん断応力分布を求めよ。

〔**7.6**〕 高さが 1 500 mm，厚さが 12 mm のウェブに，200 N/mm^2 の設計曲げ応力度（縁圧縮応力度）と 80 N/mm^2 の設計せん断応力度が生じるとき，垂直補剛材の最大間隔を求めよ。ただし，構造物係数は 1.2，板の弾性係数は 2×10^5 N/mm^2，ポアソン比は 0.3 とする。

8章 ▶ 組み合わせ外力を受ける部材の設計

◆本章のテーマ

　実際の部材は複数の種類の作用力を同時に受ける場合も少なくない。本章では，部材が軸方向力と曲げモーメントを受ける場合，せん断力とねじりを受ける場合，軸方向力と曲げモーメントとせん断力を受ける場合の三つのケースについて，その照査法を紹介する。

◆本章を学ぶと以下の内容をマスターできます

☞　組み合わせ外力を受ける部材の照査法

8.1 組み合わせ外力とは

これまで，鋼部材の耐力の考え方と設計方法について，軸方向力（引張，圧縮），ねじり，曲げといった作用力の種類ごとに見てきた。しかし，実際の部材は複数の種類の作用力を同時に受ける場合も少なくない。例えば，はりには一般に曲げとせん断が同時に生じるし，地震によって水平力を受ける橋脚などでは軸力と曲げとせん断が同時に生じる。また，曲線桁では曲げ，せん断，ねじりが同時に作用することになる。

このような組み合わせ外力を受ける部材の力学挙動は，それぞれの作用が相互に影響を及ぼし合い，一般に複雑なものとなる。しかし，設計においては，個々の作用が単独で作用した場合の応答値と限界値との比をこれまでに述べてきた方法により求め，それを適切に組み合わせる（足し合わせる）という簡易なやり方で照査が行われる。

8.2 軸方向力と曲げモーメントを受ける部材の照査

断面に軸力 N，y 軸まわりの曲げモーメント M_y，z 軸まわりの曲げモーメント M_z が同時に作用するとき，最外縁の弾性直応力は

$$\sigma = \frac{N}{A} + \frac{M_y}{W_y} + \frac{M_z}{W_z}$$

で表される。これが降伏応力に達したとすると

$$\sigma_Y = \frac{N}{A} + \frac{M_y}{W_y} + \frac{M_z}{W_z}$$

である。軸力のみが作用するときの降伏軸力を $N_Y \ (= \sigma_Y A)$，y 軸まわりの曲げモーメントのみが作用するときの降伏モーメントを $M_{Yy} \ (= \sigma_Y W_y)$，$z$ 軸まわりの曲げモーメントのみが作用するときの降伏モーメントを $M_{Yz} \ (= \sigma_Y W_z)$ とすると，上式は

$$\frac{N}{N_Y} + \frac{M_y}{M_{Yy}} + \frac{M_z}{M_{Yz}} = 1.0 \tag{8.1}$$

となる。このような式を強度相関式という。断面内の応力が降伏応力に達した
ときを限界状態とするならば，これが照査式の基本となる。

　しかし，コンパクト断面に対しては，強軸まわりの曲げ耐力は全塑性モーメ
ント M_P まで期待でき，その場合，断面内の応力は降伏応力を超える。この場
合には上記の議論が成り立たず，軸力と曲げモーメントの強度相関式は断面形
状によって異なったものとなるのであるが[5]，強度相関式として上記の形をと
れば安全側になるため，土木学会標準示方書では，式 (8.1) を基にして，つぎの
ように照査を行うこととしている。

$$\gamma_i \left(\frac{N_{sd}}{N_{rd}} + \frac{M_{sdy}}{M_{rdy}} + \frac{M_{sdz}}{M_{rdz}} \right) \leqq 1.0 \tag{8.2}$$

ここで，N_{sd} は設計軸方向力，M_{sdy}, M_{sdz} は y 軸まわりおよび z 軸まわりの
設計曲げモーメント，N_{rd} は設計軸方向耐力，M_{rdy}, M_{rdz} は各軸まわりの設
計曲げ耐力である。

　軸方向力と曲げモーメントを受ける部材の場合，曲げ変形によるたわみが大
きくなると，そのたわみの分だけ軸力が偏心して作用することになるため，付
加曲げモーメントの影響が無視できなくなる。これについては，5.1.4 項で示し
た，偏心した荷重を受ける柱の議論が参考になる。

　5.1.4 項では軸方向力を P としたが，ここではこれを N と表すことにする。
図 **8.1** に示すように，はりが軸方向力 N と曲げモーメント M を受けている
とする。これはまた，軸方向力 N が図心から y 方向に $e = -M/N$ の距離に作用
していることと等価である。5.1.4 項の議論によれば，荷重が $-e$ だけ偏心して
作用した場合の $x = l/2$ における最大たわみは，オイラーの座屈荷重を N_E と
して

$$v_c = e \frac{N}{N_E - N} = \frac{M}{N} \frac{N}{N_E - N} = \frac{M}{N_E - N}$$

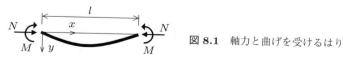

図 **8.1**　軸力と曲げを受けるはり

であるから，$x = l/2$ における最大曲げモーメントは

$$M_{\max} = M + Nv_c = M\left(1 + \frac{N}{N_E - N}\right) = \frac{M}{1 - \dfrac{N}{N_E}}$$

と表すことができる。付加曲げモーメントが無視できない場合には，上式によっ
て曲げモーメントを修正して用いればよい。すなわち，照査式は

$$\gamma_i \left\{ \frac{N_{sd}}{N_{rd}} + \frac{M_{sdy}}{M_{rdy}\left(1 - \dfrac{N_{sd}}{N_{Ey}}\right)} + \frac{M_{sdz}}{M_{rdz}\left(1 - \dfrac{N_{sd}}{N_{Ez}}\right)} \right\} \leq 1.0 \quad (8.3)$$

となる。ここで，N_{Ey}，N_{Ez} は y 軸および z 軸まわりのオイラー座屈荷重で
ある。

　道路橋示方書では，上式を応力度表示し，さらにオイラー座屈強度（上式の
N_{Ey}，N_{Ez} に相当する項）に 0.8 を乗じている。これは，部材の細長比によっ
ては付加曲げモーメントの影響を過大に評価することになり，不合理な設計と
なるためであるとしている。鉄道橋設計標準では，一般に付加曲げモーメント
の影響は考慮しなくてよいものとしている。

8.3　せん断力とねじりを受ける部材の照査

　前述のように，せん断力を受ける部材の照査は，次式で行う。

$$\gamma_i \frac{V_{sd}}{V_{rd}} \leq 1.0$$

ここで，V_{rd} は設計せん断耐力，V_{sd} は設計せん断力である。
　せん断力とねじりを受ける部材に対しては

$$\gamma_i \left(\frac{V_{sd}}{V_{rd}} + \frac{T_{sds}}{T_{rds}} + \frac{T_{sd\omega}}{T_{rd\omega}} \right) \leq 1.0 \quad (8.4)$$

により照査を行う。T_{sds}，$T_{sd\omega}$ は断面に作用する設計単純ねじりモーメント，
設計そりねじりモーメントである。T_{rds}，$T_{rd\omega}$ は設計単純ねじり耐力，設計

そりねじり耐力であり，式 (6.42)，(6.44) により，それぞれ $T_{rds} = T_{rs}/\gamma_b$，$T_{rd\omega} = T_{r\omega}/\gamma_b$ として計算する。

8.4 **軸方向力，曲げモーメント，せん断力を受ける部材の照査**

軸方向力，曲げモーメント，せん断力を受ける部材では，直応力とせん断応力が同時に生じる。このような場合，3.2.3 項で示したように，相当応力が降伏応力 σ_Y に達するときを降伏基準としてよい。すなわち，直応力を σ，せん断応力を τ とすると

$$\overline{\sigma} = \sqrt{\sigma^2 + 3\tau^2} \leqq \sigma_Y$$

が降伏基準となる。ところで，直応力とせん断応力の合応力度照査においては，従来の経験より降伏応力の 1.1 倍まで許容しても安全であるとされている。すなわち

$$\sqrt{\sigma^2 + 3\tau^2} \leqq 1.1\sigma_Y \tag{8.5}$$

である。せん断降伏応力を $\tau_Y = \sigma_Y/\sqrt{3}$ とすると，上式は

$$\sqrt{\left(\frac{\sigma}{\sigma_Y}\right)^2 + \left(\frac{\tau}{\tau_Y}\right)^2} \leqq 1.1 \quad \text{または} \quad \left(\frac{\sigma}{\sigma_Y}\right)^2 + \left(\frac{\tau}{\tau_Y}\right)^2 \leqq 1.21$$

となり，これが直応力とせん断応力が同時に生じる場合の強度相関式となる。ただし，σ/σ_Y および τ/τ_Y のそれぞれが 1.0 を超えてはならないことは，いうまでもない。そのため，上記の照査が必要になるのは，σ/σ_Y または τ/τ_Y が $\sqrt{1.21-1} \simeq 0.45$ を超える場合に限られることになる。

直応力とせん断応力を受ける部材においては，上式の応力を耐力に置き換えた式によって照査を行う。軸力と曲げモーメントによって直応力が，せん断力によってせん断応力が生じるので，照査式は

$$\gamma_i^2 \left\{ \left(\frac{N_{sd}}{N_{rd}} + \frac{M_{sd}}{M_{rd}}\right)^2 + \left(\frac{V_{sd}}{V_{rd}}\right)^2 \right\} \leqq 1.21 \tag{8.6}$$

となる。さらにねじりの影響を考慮する場合には，上記に単純ねじりモーメント，バイモーメント，そりねじりモーメントを追加し，次式により照査する。

$$\gamma_i^2 \left\{ \left(\frac{N_{sd}}{N_{rd}} + \frac{M_{sd}}{M_{rd}} + \frac{M_{sd\omega}}{M_{rd\omega}} \right)^2 + \left(\frac{V_{sd}}{V_{rd}} + \frac{T_{sds}}{T_{rds}} + \frac{T_{sd\omega}}{T_{rd\omega}} \right)^2 \right\} \leqq 1.21$$

ここで，$M_{sd\omega}$ は設計バイモーメントである。$M_{rd\omega}$ は設計バイモーメント耐力であり，式 (6.43) より $M_{rd\omega} = M_{r\omega}/\gamma_b$ として求める。

演 習 問 題

〔**8.1**〕 問題〔7.1〕で取り扱った I 形断面はりに，200 kN の設計引張力と，400 kN·m の設計曲げモーメント（強軸まわり）が同時に作用するとき，土木学会標準示方書に従って設計照査を行え。ただし，材料係数は 1.0，部材係数は引張に対して 1.0，曲げに対して 1.08，構造物係数は 1.2 とし，付加曲げモーメントの影響は無視してよい。

〔**8.2**〕 〔8.1〕において，付加曲げモーメントを考慮した照査を行え。ただし，はりの長さは 6 m で，単純支持されているとする。

〔**8.3**〕 〔8.1〕に加えて，さらに 500 kN のせん断力が同時に作用するときの設計照査を行え。せん断に対する部材係数は 1.0 とし，他の条件は〔8.1〕と同様とする。

9章 溶接継手

◆本章のテーマ

　溶接は，板と板の接合や，部材同士の接合などに用いられる接合方法である。現代においては溶接なしに鋼構造物は成り立たないといってもよい。本章の前半では，溶接法の概要，溶接継手の種類，溶接残留応力について説明する。後半では溶接継手の強度や耐力の考え方について述べる。ただし，ここで説明するのは静的強度である。溶接継手ではこのほかに疲労強度についても知っておかなければならないが，これについては 12 章で述べる。さらに，溶接を行うことによる材質変化に関する知識も必要であり，これについては 13 章で詳述する。

◆本章の構成（キーワード）

9.1　溶接とは
　　　アーク溶接，溶接機，溶接棒
9.2　溶接継手の種類
　　　完全溶込み溶接，すみ肉溶接，部分溶込み溶接
9.3　溶接残留応力
　　　降伏応力，拘束
9.4　溶接継手の耐力
　　　のど厚，有効長さ，のど断面，展開断面
9.5　溶接継手の設計
9.6　溶接継手の留意点
　　　溶接サイズ，溶接長さ

◆本章を学ぶと以下の内容をマスターできます

☞　溶接継手の種類と分類
☞　溶接残留応力の発生メカニズム
☞　溶接継手の設計法

9.1 溶 接 と は

溶接（welding）はなんらかの熱源を利用して金属を加熱，溶融し，その溶融母材と溶加材（溶接棒など）を融合させて溶融金属を作成し，これを凝固させることで接合する方法である。熱源として電気アークを利用した溶接法を電気アーク溶接といい，これが最も一般的に用いられる。電気アーク溶接を例にとって，その概要を示そう。

2枚の鋼板（母材）を隣接して置く。**図9.1** に示すように，電源の二つの端子を母材と溶接棒につなぐ。母材の境界部において，溶接棒を母材に瞬間的に接触させてショートさせたのちに，わずかな隙間を保持すると，両者の間に連続的にアークが生じる。このアークは非常に高温（5 000 ～ 6 000 °C）であり，溶接棒を溶かすとともにアーク周辺の母材も溶融する。溶融した溶接棒と母材が接合すべき隙間を充填し，その後，冷却とともに凝固して一体となる。アークを保持したまま，溶接棒を境界線に沿って徐々に動かしていけば（これを運棒という），この溶融と凝固が連続的に生じ，最終的に全線にわたって2枚の母材が一体となり，接合が完了する。このように溶接によって作られた継手を**溶接継手**（weld joint）という。

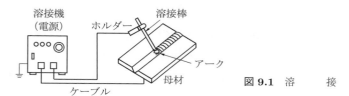

図9.1 溶 接

9.2 溶接継手の種類

9.2.1 溶込みによる分類

2枚の板を図**9.2**に示すように直角に置き，その境界に溶接を施したとする。境界の隙間が小さいとアークが板の内部まで届かないため，アーク熱によって

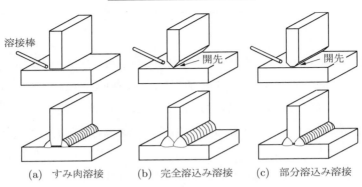

図 **9.2**　溶接継手の溶込み

溶ける箇所は表面近傍に限られる。溶接方法にもよるが，その深さ（溶込み深さという）は数 mm 程度である。そのため，できあがった溶接継手は，図 (a) のように表面の近傍でのみ一体化される。このように，表面近傍のみでの一体化しか期待しない溶接を**すみ肉溶接**（fillet weld）という。

　溶込み深さを深くするには，機械加工によって板の接合面にあらかじめ溝を設けておく。この溝を開先といい，開先を設けて行う溶接を**開先溶接**（groove weld）という。開先の中に溶接棒を差し込んで溶接を行うことで，図 (b) に示すように板の内部まで完全に溶かして一体化させることができる。これを**完全溶込み溶接**（full penetration weld）という。

　板厚すべての一体化は期待しないものの，すみ肉溶接よりは溶込み深さを確保するため，図 (c) に示すように比較的浅い開先をとって溶接を行うことがある。この場合はすみ肉溶接と同じように板の内部に一体化しない領域ができる。これを**部分溶込み溶接**（partial penetration weld）という。

　開先の形状は**図 9.3** に示すようにさまざまなものがあり，継手形式，板厚，溶接ポジション，施工効率などを勘案して適切なものが選択される。また，厚板に対する完全溶込み溶接や，大きなサイズのすみ肉溶接などの場合，1 回の溶接では溶接ビードの大きさが足りないことがある。その場合，必要な回数だけ溶接を繰り返し，所定のビードの大きさを確保する。これを**多パス溶接**（multipass weld），多層盛溶接という。多パス溶接により製作された突合せ継手のマクロ写

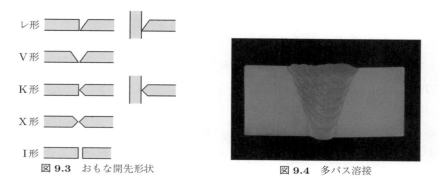

レ形

V形

K形

X形

I形

図 **9.3** おもな開先形状

図 **9.4** 多パス溶接

真を図 **9.4** に示す。

9.2.2 板組みによる分類

図 **9.5** に代表的な溶接継手を示す。以下において，主たる応力が生じる板を主板，その他の板を付加板と呼ぶこととする。

図 (a) のように二つの主板を同一面内でつなげる継手を**突合せ継手**（butt joint）と呼ぶ。主たる応力の方向が溶接線と直角な場合と平行な場合とがある

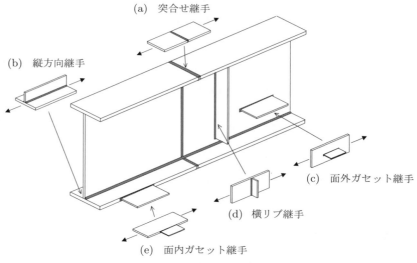

(a) 突合せ継手

(b) 縦方向継手

(c) 面外ガセット継手

(d) 横リブ継手

(e) 面内ガセット継手

図 **9.5** I 形断面桁の代表的な溶接継手

が，前者を横突合せ継手と呼び，後者はつぎの縦方向継手として分類されることが多い。

図 (b) のウェブとフランジの溶接のように，主たる応力に平行な溶接継手を**縦方向継手**（longitudinal joint）と呼ぶ。

図 (c) のように，主板の上に，主たる応力の方向に平行に付加板を溶接した継手を**面外ガセット継手**（out-of-plane gusset joint）と呼ぶ。付加板の端部において，溶接は曲線状に回されるのが一般的であり，この箇所を特に回し溶接，角回し溶接と呼ぶ。

図 (d) のように，主板に，主たる応力の方向と直角に付加板を溶接した継手を横リブ継手と呼ぶ。主板の片面に付加板を溶接したものは**T 字継手**（tee joint）と呼ばれ，両面に溶接したものは**十字継手**（cruciform joint）と呼ばれる。十字継手にすみ肉溶接または部分溶込み溶接が用いられる場合，主たる応力がどの板に生じるかによって呼び方が異なる。**図 9.6** (a) のように，連続している板に主たる応力が生じる場合には，溶接部には荷重伝達は期待されていないので，**荷重非伝達型十字継手**（non-load carrying cruciform joint）と呼ぶ。図 9.6 (b) のように，分断されている板に主たる応力が生じる場合には，溶接が荷重伝達を行うので，**荷重伝達型十字継手**（load carrying cruciform joint）と呼ぶ。

図 9.5 (e) に示すように，主板の縁に，主たる応力の方向に平行に付加板を溶接した継手を**面内ガセット継手**（in-plane gusset joint）と呼ぶ。

　　(a)　荷重非伝達型　　　　　(b)　荷重伝達型
図 9.6　十字溶接継手の種類

9.2.3　溶接部の各部名称

ここで，溶接継手でよく用いられる用語についてまとめておこう。**図 9.7** に

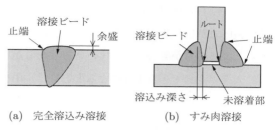

図 **9.7** 溶接継手部の名称

溶接部の形状を改めて示す。溶接金属によって形成された部分を**溶接ビード**（weld bead）という。継手表面における溶接ビードと母材との境界点を**止端**（weld toe）と呼ぶ。突合せ溶接で，板厚以上に盛り上がったビード部分を**余盛**（reinforcement）と呼ぶ。すみ肉溶接や部分溶込み溶接の場合には，板の内部に溶けていない部分が残るが，これを未溶着部といい，その先端を**ルート**（root）と呼ぶ。

9.3 溶 接 残 留 応 力

　溶接部には，溶接金属の凝固冷却過程で内部応力としての残留応力が発生する。これを**溶接残留応力**（welding residual stress）という。

　溶接残留応力の発生メカニズムをモデル化して示したものが，**図 9.8** である[16]。図 (a) のように，3 本の棒が剛体によって連結されているとしよう。中央の棒のみが溶接によって加熱されるとする。自由に変形できる場合には図 (b) のように中央の棒が膨張する。しかし，剛体による拘束がある場合，中央の棒

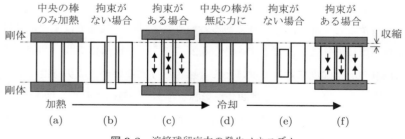

図 **9.8** 溶接残留応力の発生メカニズム

は膨張しようとするが，左右の棒がそれを妨げるために，中央の棒には圧縮応力，左右の棒には引張応力が生じる。これが図 (c) の状態である。

　一般に高温になると降伏応力が著しく低下するので，ある温度に達すると加熱部が圧縮降伏し，大きく変形できるようになるとともに，中央の棒の応力はほぼ消失するとみなせる。中央の棒は，いわば高温で飴状になった状態であると考えればよい。これが図 (d) である。

　この状態から冷却すると，拘束がない場合には図 (e) のように中央の棒のみが短くなるが，左右の棒に拘束されている場合には，その変形が妨げられ，図 (f) に示すように中央の棒には引張応力が，左右の棒には圧縮応力が生じることになる。

　このように，溶接を施すと，溶接線の近傍では引張，その周辺では圧縮の溶接残留応力が生じる。溶接残留応力の分布は構造詳細によって異なるが，その最大値はほぼその鋼材の降伏応力程度であると考えてよい。図 **9.9** に突合せ継手の溶接残留応力分布の例を示す。図は x 軸上における，y 方向の応力成分 σ_y の分布である。残留応力は溶接部位置では降伏応力程度の大きな引張応力となり，その周辺では圧縮応力となる。断面全体では力はつり合っており，この応力分布を x 軸方向に積分した値はゼロでなければならない。溶接線に直角な方向の成分 σ_x は，溶接近傍では多少の引張応力となるが，通常はそれほど大きなものではない。

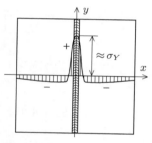

図 9.9 溶接残留応力分布の例

　溶接残留応力が降伏応力程度であるということは，溶接部ではすでにほぼ降伏した状態にあるということである。4.2 節で述べた理由により，溶接残留応力は部材の引張強度に対してはほとんど影響を与えないが，疲労強度，ぜい性破壊強度，座屈強度に対しては顕著な影響を与え，一般にこれらを低下させる。そのため，溶接部材の設計に用いる耐力や強度の特性値は，降伏応力に匹敵する溶接残留応力が存在することを考慮した上で決定しなければならない。

9.4 | 溶接継手の耐力

9.4.1 溶接部の有効断面

溶接部の耐力を計算する際の断面積の考え方には独特なものがある。基本的には厚さ×長さ（幅）で断面積を算出するのであるが，溶接継手の場合，厚さとして**のど厚**（throat thickness）を，長さとして**有効長さ**（effective length）を用いる。

設計における溶接部ののど厚 a のとり方を**図 9.10** に示す。完全溶込み溶接では，余盛を除いた厚さ，すなわち板厚そのものをのど厚とする。板厚が異なる場合には，薄いほうの板厚とする。部分溶込み溶接ののど厚は，溶込みおよび余盛は含めず，開先深さとする。

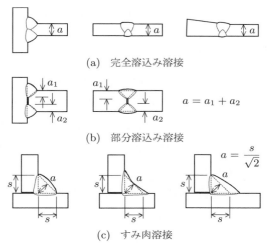

(a) 完全溶込み溶接

$a = a_1 + a_2$

(b) 部分溶込み溶接

$a = \dfrac{s}{\sqrt{2}}$

(c) すみ肉溶接

図 9.10 のど厚のとり方

すみ肉溶接の場合，ビードの形状には図 (c) に示すような形状が考えられる。すみ肉溶接の場合にも溶込みは考えず，ルートは板表面の交点にあるとみなす。ルートから止端までの距離を**脚長**（leg length）という。図に示すように脚長は二つあるが，それが等しいものを等脚すみ肉，異なるものを不等脚すみ肉という。ルートを頂点として，溶接ビード内に内接する直角二等辺三角形を描くこ

とができるが，この三角形の直角を挟む辺の長さをサイズという。さらに，ルートから三角形の対辺への最小距離が，すみ肉溶接ののど厚である。板が直交している場合，のど厚 a とサイズ s の関係は，$a = s/\sqrt{2} = 0.707s$ となる。

有効長さは，一般には溶接長そのものをとればよいが，つぎのような場合には注意が必要である。**図 9.11** (a) に示すように，溶接が途中で終わっている場合には，溶接の始終点近傍では溶込みが不十分であることが多いことから，それらの箇所は有効長さから除く。図 (b) に示すように，回し溶接を行った場合には，その箇所は有効長さから除く。図 (c) に示すように，応力の方向に対して溶接線が傾いている場合には，それを応力方向と直角な方向に投影した長さを有効長さとする。

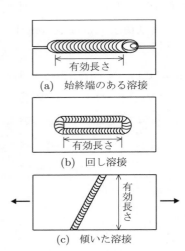

(a)　始終端のある溶接

(b)　回し溶接

(c)　傾いた溶接

図 9.11　有効長さのとり方

以上のようにして求めたのど厚 a と有効長さ l によって示される断面を**のど断面**（throat section）といい，のど断面積を al で計算して耐力計算に用いる。複数の溶接線がある場合には，それぞれののど断面積を合算し $\sum al$ とする。

曲げを受けるはりが壁面に溶接されている場合などは，断面二次モーメントを計算する必要がある。完全溶込み溶接で溶接されている場合には，断面すべてにおいて一体となっているので，はりの断面そのものを有効断面として計算すればよい。すみ肉溶接の場合には，**図 9.12** に示すように，ルートを軸にしてのど断面を壁面に回転し，それによってできる領域を有効断面とする。これを展開断面と呼ぶ。**図 9.13** に I 形断面はりの展開断面の例を示す。断面二次モーメントの計算はこの展開断面に対して行う†。

---

†　このように曲げモーメントを伝達しなければいけない継手にすみ肉溶接を用いることは，構造的には好ましくない。

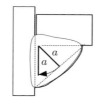

図 **9.12** 展 開 断 面

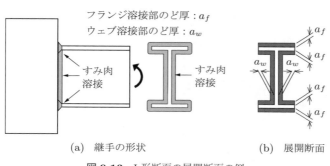

フランジ溶接部のど厚：a_f
ウェブ溶接部のど厚：a_w

すみ肉溶接   すみ肉溶接

a_f
a_f
a_w a_w
a_f
a_f

(a) 継手の形状　　　　　(b) 展開断面

図 **9.13** I形断面の展開断面の例

9.4.2 溶接継手の破壊形態と耐力

溶接継手では降伏を限界状態とするのが一般的である。また，溶接材料の金属には，母材よりも降伏強度が高い材料が選択されるが，設計ではその分は見込まず，母材に対する設計降伏強度 f_{yd} や設計せん断降伏強度 f_{vyd} をそのまま用いて耐力を求める。

〔1〕 **完全溶込み溶接継手の耐力**　　完全溶込み溶接継手の場合，板の内部まで完全に一体化されており，かつ，溶接金属の強度が母材の強度を上回っているため，破壊は継手部以外の箇所で生じる。よって，完全溶込み溶接継手の耐力は，継手部以外の箇所の耐力と同等とみなしてよい。例えば，軸方向耐力 P_r，せん断耐力 V_r，曲げ耐力 M_r は，それぞれ

$$P_r = f_{yd} \sum al, \qquad V_r = f_{vyd} \sum al, \qquad M_r = f_{yd} W \qquad (9.1)$$

となる。ここで，al はのど断面の断面積，W はのど断面の断面係数である。なお，ここではあえてのど断面と表現しているが，実際には溶接される部材の断

面そのものである。

　〔**2**〕　**すみ肉溶接継手または部分溶込み溶接継手の耐力**　　すみ肉溶接の場合には，やや複雑な破壊形態を示す。**図 9.14** に示すように，2 枚の板を重ね，板の周囲にすみ肉溶接を施した継手を**重ね継手**（lap joint）と呼ぶが，すみ肉溶接には，図の AD, BC のように，溶接線方向が荷重方向に平行なもの（側面すみ肉溶接という）と，AB, CD のように荷重方向に直角なもの（前面すみ肉溶接という）があり，これらは力の伝達メカニズムが異なる。

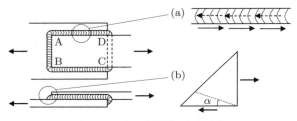

図 9.14　すみ肉溶接にかかる力

　側面すみ肉溶接には図 (a) に示すようにおもにせん断応力が生じることとなる。せん断応力の大きさは位置によって異なり，溶接線の端部で大きくなるが，降伏後の応力の再分配を考えると，終局状態においては一様な応力状態になるとみなしてよい。

　前面すみ肉継手では，溶接部に働く力は図 9.14 (b) のようになる。この場合にも，ある角度 α をもった崩壊面にせん断応力が生じる。平面ひずみ状態を仮定すると，等脚すみ肉の塑性崩壊は $\alpha = 14°$ で生じることが解析的に明らかにされており，実験的にも裏付けられている[17]。すなわち，$\alpha = 45°$ ののど断面で破壊するわけではないのであるが，のど断面でのせん断応力で実験結果を整理すると，過度にならない範囲で安全側に耐力を評価できることが確かめられている。

　このように，すみ肉溶接部においては，軸方向力はせん断応力として伝達されるものと考える。せん断力もせん断応力として伝達される。よって，すみ肉溶接継手においては，外力の種類にかかわらず，つねにのど断面のせん断降伏

強度から耐力を求める。軸方向耐力 P_r，せん断耐力 V_r，曲げ耐力 M_r は，いずれも設計せん断降伏強度 f_{vyd} を用いて

$$P_r = f_{vyd} \sum al, \qquad V_r = f_{vyd} \sum al, \qquad M_r = f_{vyd} W_e \qquad (9.2)$$

とする。ここで，W_e は展開断面の断面係数である。この考え方は部分溶込み溶接継手にも準用される。

9.5 溶接継手の設計

　完全溶込み溶接継手の場合，継手で破壊することはないので，継手のみに着目して設計を行う必要はないが，あえて設計耐力を示せば，式 (9.1) を部材係数 γ_b で除して

$$P_{rd} = \frac{f_{yd}}{\gamma_b} \sum al, \qquad V_{rd} = \frac{f_{vyd}}{\gamma_b} \sum al, \qquad M_{rd} = \frac{f_{yd}}{\gamma_b} W$$

となる。ここで，P_{rd} は設計引張耐力，V_{rd} は設計せん断耐力，M_{rd} は設計曲げ耐力である。

　すみ肉溶接または部分溶込み溶接の場合には，式 (9.2) を部材係数で除して

$$P_{rd} = \frac{f_{vyd}}{\gamma_b} \sum al, \qquad V_{rd} = \frac{f_{vyd}}{\gamma_b} \sum al, \qquad M_{rd} = \frac{f_{vyd}}{\gamma_b} W_e$$

となる。

　これらにより，軸方向力，せん断力，曲げモーメントを受ける継手の照査は次式で行う。

$$\gamma_i \frac{P_{sd}}{P_{rd}} \leqq 1.0, \qquad \gamma_i \frac{V_{sd}}{V_{rd}} \leqq 1.0, \qquad \gamma_i \frac{M_{sd}}{M_{rd}} \leqq 1.0$$

ここで，P_{sd} は設計軸方向力，V_{sd} は設計せん断力，M_{sd} は設計曲げモーメント，γ_i は構造物係数である。

　すみ肉溶接継手や部分溶込み溶接継手に組み合わせ外力が作用し，直応力とせん断応力が同時に生じる場合には，次のような注意が必要である。これらの

継手では，作用や応力の種類によらず，のど断面でのせん断降伏から耐力を定めているので，直応力とせん断応力を受ける部材に対する式 (8.6) に示した強度の割り増しは考えず，次式によって照査を行う。

$$\gamma_i^2 \left\{ \left(\frac{P_{sd}}{P_{rd}} + \frac{M_{sd}}{M_{rd}} \right)^2 + \left(\frac{V_{sd}}{V_{rd}} \right)^2 \right\} \leqq 1.0 \tag{9.3}$$

道路橋示方書でも考え方は同様である。例えば軸方向力を受ける完全溶込み溶接継手では，継手に生じる引張力応力度が次の制限値 σ_{Nud} を超えないことを確認する。

$$\sigma_{Nud} = \xi_1 \cdot \xi_2 \cdot \Phi_R \cdot f_{yk}$$

軸方向力を受けるすみ肉溶接と部分溶込み溶接継手の場合には，のど断面応力度が次の制限値 τ_{ud} を超えないようにする。

$$\tau_{ud} = \xi_1 \cdot \xi_2 \cdot \Phi_R \cdot f_{vyk}$$

ここで，ξ_1 は調査・解析係数，ξ_2 は部材・構造係数，Φ_R は抵抗係数，f_{yk} は降伏強度の特性値，f_{vyk} はせん断降伏強度の特性値である。

9.6 | 溶接継手の留意点

溶接サイズは，不必要に大きくすると，それによる変形や熱影響が大きくなる。逆に，耐力上は十分であっても，あまり小さな溶接を用いると急冷による割れが生じる原因となる。そのため，溶接サイズ s については最小値と最大値が定められており，道路橋示方書や鉄道橋設計標準では，最小溶接サイズは 6 mm 以上とし，かつ

$$t_1 > s \geqq \sqrt{2t_2}$$

を満たさなければならないとされている。ここで，t_1 は薄いほうの母板厚 〔mm〕，

t_2 は厚いほうの母板厚〔mm〕である。

　また，溶接長さについても，あまり短い溶接長は急冷による割れの原因となることから，サイズの 10 倍以上かつ 80 mm 以上と規定されている。

演　習　問　題

〔**9.1**〕　図 **9.15** に示す荷重伝達型十字すみ肉溶接継手の設計引張耐力を求めよ。溶接サイズは 6 mm，鋼種は SM490Y とする。材料係数，部材係数はともに 1.05 とする。

〔**9.2**〕　〔9.1〕において，すみ肉溶接を完全溶込み溶接に変えた場合の設計引張耐力を求めよ。

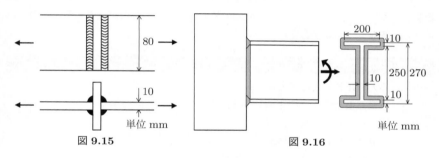

図 **9.15**　　　　　　　　　　　図 **9.16**

〔**9.3**〕　図 **9.16** に示すように，すみ肉溶接で壁に取り付けられた I 形断面はりに，引張力 100 kN，曲げモーメント 40 kN·m が同時に作用する場合の設計照査を行え。鋼種は SM400 とし，溶接サイズは 6 mm，材料係数は 1.05，部材係数は 1.05，構造物係数は 1.2 とする。

〔**9.4**〕　〔9.3〕において，さらにせん断力 100 kN が同時に作用する場合の設計照査を行え。ただし，せん断力はウェブのみで負担するものとする。

10章 高力ボルト継手

◆本章のテーマ

　高力ボルト継手は溶接継手と並んで土木鋼構造物になくてはならない継手である。本章では高力ボルト摩擦接合継手の力学挙動と設計法について説明する。高力ボルト摩擦接合継手の設計においては，継手が伝達できる力が所定の値以上であることを確認することに加え，ボルト孔による断面の損失を考慮しても板が破壊することのないように確認を行う必要がある。

◆本章の構成（キーワード）

10.1　高力ボルト接合のメカニズム
　　　　摩擦接合，支圧接合，引張接合

10.2　高力ボルトの材質と種類
　　　　高力ボルト，遅れ破壊

10.3　高力ボルト摩擦接合継手の力学挙動
　　　　荷重−変位関係

10.4　高力ボルト摩擦接合継手の耐力
　　　　すべり耐力，断面欠損，純断面

10.5　高力ボルト摩擦接合継手の設計
　　　　設計すべり耐力，母板・連結板の設計耐力，材料係数，部材係数

10.6　高力ボルト摩擦接合継手の留意点
　　　　ボルト本数，縁端距離，ボルト孔間隔

◆本章を学ぶと以下の内容をマスターできます

☞　ボルト継手の接合メカニズム

☞　高力ボルト摩擦接合継手の設計法

10.1 | 高力ボルト接合のメカニズム

高力**ボルト継手**（bolt joint）の例を**図 10.1**に示す。高力ボルト継手では複数の板に通し孔をあけ，そこにボルトを差し込み，締め付ける。この際，あける孔の大きさやボルトの向きによって，以下に示すような 3 種類があり，これらは期待する力の伝達メカニズムが異なる。

図 10.1 高力ボルト継手の例

摩擦接合（friction type connection）は，**図 10.2** (a) に示すように，材片を重ねてボルトで強く締め付け，材片同士の接触面における摩擦力で力を伝達するものである。摩擦力に期待するものであるため，ボルト軸と鋼板の孔壁の間には隙間が空いていてもよい。すなわち，ボルト径よりも大きめの孔をあけ，そこにボルトを差し込んで締め付ければよく，施工性に優れている。

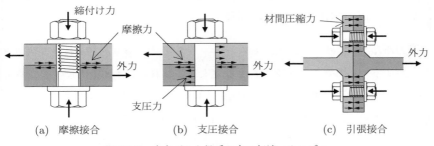

(a) 摩擦接合 (b) 支圧接合 (c) 引張接合

図 10.2 高力ボルト継手の力の伝達メカニズム

支圧接合（bearing type connection）も摩擦接合と同じように材片を強く締め付けて摩擦力を生じさせるが，それに加えて，図 (b) に示すように，ボルト軸と鋼板の孔壁とが接触するようにし，孔壁とボルト軸間の支圧抵抗とボルト

軸のせん断抵抗によっても力を伝達する。この場合，ボルト軸径と孔径はほぼ同じでなければならず，製作精度は厳しくなるが，摩擦力に加えて支圧力も期待できることから，力の伝達効率は摩擦接合と比べて高い。

　引張接合（tension type connection）は，力の方向と平行にボルトを配置してボルトを締め付けるものである。これにより材間には高い圧縮力が生じる。外力が作用すると，主としてこの材間圧縮力と打ち消し合う形で力の伝達が行われることから，ボルト軸力の増減量は小さく，剛性も高い。しかし，ボルトで連結するためのフランジを設けなければならず，フランジの厚さによっては，てこ作用などの複雑な挙動が生じる。

　土木分野で用いられる高力ボルト継手のほとんどは高力ボルト摩擦接合であるので，本書ではこれについてのみ説明する。支圧接合や引張接合の具体的な設計法は，各種の設計基準類を参照されたい。

　なお，古い構造物では高力ボルトの代わりにリベットが用いられていた。リベット継手が用いられた構造物は今でも多数存在しており，そのような構造物に対する維持管理を行う上ではリベット継手に関する知識が必要となるが，現代の土木構造物に用いられることはないため，本書では取り上げない。

10.2 ｜ 高力ボルトの材質と種類

　高力ボルト（high strength bolt）とは，その名のとおり高強度材料で製造されたボルトである。ハイテンボルトなどとも呼ばれる。土木分野で使用されている高力ボルトの機械的性質を表 10.1 に示す。強度レベルは 2 種類であり，最低保証引張強度が $800\ \mathrm{N/mm^2}$ のもの（F8T）と $1\,000\ \mathrm{N/mm^2}$ のもの（F10T）がある。以前は引張強度が $1\,100\ \mathrm{N/mm^2}$ 以上のボルト（F11T，F13T など）

表 10.1　高力ボルトの機械的性質

種類	耐力〔N/mm²〕	引張強度〔N/mm²〕	伸び〔%〕
F8T	$\geqq 640$	$800 \sim 1\,000$	$\geqq 16$
F10T	$\geqq 900$	$1\,000 \sim 1\,200$	$\geqq 14$

が使われたこともあるが，そのようなボルトに限って遅れ破壊が発生したことから，現在では用いられていない。

遅れ破壊（delayed fracture）とは，材料に応力を導入してからしばらく（数年後など）時間が経った後に生じる破壊をいう。応力腐食割れや水素ぜい化が関係しているといわれているが，その防止法について確たる手立てはなく，経験的，実験的に対処されているのが現状である。遅れ破壊の問題が顕在化する前に施工された F11T 以上のボルトは現在でも多数残っており，各管理機関ではそれを F10T 以下のボルトに置き換える作業を続けている。

高力ボルトの太さはボルトねじ部の外径によって表し，例えばそれが 22 mm のものは M22 と表す。JIS B 1186 では摩擦接合用のボルトとして M16 から M30 までを規定しているが，土木構造物で多用されるのは M20，M22，M24 である。長さについては特に呼び名はなく，首下何ミリなどと表現する。

10.3 高力ボルト摩擦接合継手の力学挙動

摩擦は板の表面状態などに大きく影響を受けるデリケートな現象である。また，摩擦が切れてすべりが生じたのちの挙動も複雑である。ボルト継手は見た目には単純なメカニズムに見えるが，よくわからないことも多い。そのため，設計においては，継手の耐力を過大に評価することがないように注意し，施工においては十分な管理を行うことが必要となる。

高力ボルト摩擦接合継手の荷重−変位関係の概略を示すと，**図 10.3** のようになる。高力ボルト摩擦接合継手は，鋼板間の静摩擦力に期待した継手であるた

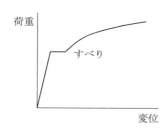

図 10.3　高力ボルト摩擦接合継手の
荷重−変位関係

め，荷重が大きくなると摩擦が切れ，板間にすべりが生じる。しかし，すべり発生後はボルト軸と鋼板が接触し，支圧力が働くようになるため，荷重は上昇し続け，最終的には鋼板の降伏や破断，ボルトの破断などが生じる。

　設計においては，すべり発生後に支圧力によって上昇する分の耐力は期待せず，すべりが生じる時点をボルト継手の耐力とみなす。これを**すべり耐力**（slip strength）という。

10.4 高力ボルト摩擦接合継手の耐力

10.4.1 す べ り 耐 力

二つの物体間の摩擦力は，よく知られているように次式で表される。

$$P = \mu N \tag{10.1}$$

ここで，P は摩擦力，N は摩擦面に垂直な力，μ は摩擦係数（静摩擦係数）である。高力ボルト摩擦接合の伝達力はこの式に従って考えればよい。

　ボルトを締め付けることによってボルトに導入される力を，ボルト導入軸力あるいはボルト軸力という。このボルト軸力が摩擦面に垂直な力 N として働く。導入されるボルト軸力は，ボルトに使用されている材料の降伏応力あるいは引張強度を基準として設定される。国内の基準類では降伏応力を基準として

$$N = \alpha A_e \sigma_Y$$

として与えられることが多い。ここで，N はボルト軸力，A_e はボルトねじ部の有効断面積，σ_Y はボルトの降伏応力である。α は降伏点に対する比率であり，F8T に対して 0.85，F10T に対して 0.75 が用いられる。

　式 (10.1) の摩擦係数 μ は，ボルト継手の場合，すべり係数と呼ばれる。すべり係数は，鉄道橋設計標準では 0.4 としている。道路橋示方書では，接触面を塗装しない場合は 0.40，接触面に無機ジンクリッチペイントと呼ばれる防錆塗料を塗布する場合には 0.45 としている。『高力ボルト摩擦接合継手の設計・施工・維持管理指針 （案）』[18] では，摩擦面の状態に応じて**表 10.2** に示すような値が

表 10.2 接合面処理に応じたすべり係数の推奨値

接合面の処理	すべり係数	備 考
赤錆状態	0.55	粗面仕上げののちに，健全な赤錆を発生させたもの。
薬剤による発錆	0.45	化学薬品によって，健全な赤錆を発生させたもの。
粗面状態	0.25	ディスクグラインダーによって粗面とし，錆がないもの。
	0.35 （表面粗さ指定なし）	ショットブラストまたはグリッドブラストによって粗面とし，錆がないもの。R_a は算術平均粗さ。
	0.40 （10 μm $> R_a \geqq 5\mu$m）	
	0.45（$R_a \geqq 10\mu$m）	
無機ジンクリッチペイント	0.40 （塗膜厚 $\leqq 65\mu$m）	合計塗膜厚は 90〜250 μm，塗料中の乾燥亜鉛含有量は原則 80%以上とする。
	0.50 （塗膜厚 $> 65\mu$m）	合計塗膜厚は 150〜250 μm，塗料中の乾燥亜鉛含有量は原則 80%以上とする。
有機ジンクリッチペイント	個別にすべり試験を行うなど，継手の性能を確認して決定する。	
溶融亜鉛メッキ		
金属溶射		
機械的な粗面加工		

推奨されている。表からもわかるように，すべり係数は接合面の状態によって大きく異なるため，所定のすべり耐力を確保するためには，それに見合った接合面の処理を行う必要がある。国内の基準類で設定されている 0.4 という値は安全側の設定ではあるが，接合面の状態によってはこれを下回る場合もあるので注意が必要である。

以上をまとめると，ボルト 1 本当りのすべり耐力の特性値 P_k はつぎの式で表すことができる。

$$P_k = \mu N = \mu\alpha A_e \sigma_Y \tag{10.2}$$

すべり係数 μ を 0.4 または 0.45 とした場合の，すべり耐力の特性値 P_k を**表 10.3** に示す。ボルト 1 本当りの設計すべり耐力 P_a は，これを材料係数 γ_m で除して

$$P_a = \frac{P_k}{\gamma_m} \tag{10.3}$$

表 **10.3**　摩擦接合用高力ボルトのすべり耐力の特性値

等級	呼び径	α	σ_Y 〔N/mm^2〕	A_e 〔mm^2〕	N 〔kN〕	P_k 〔kN〕	
						$\mu=0.40$	$\mu=0.45$
F8T	M20	0.85	640	245	133	53	60
	M22			303	165	66	74
	M24			353	193	77	87
F10T	M20	0.75	900	245	165	66	74
	M22			303	205	82	92
	M24			353	238	95	107

として求める。

　高力ボルト継手において，ボルトが1本しか用いられないことはなく，実際には複数本のボルトが用いられる。その場合，すべてのボルトが等しく力を伝達すると仮定し，単純にボルト本数を乗じて継手全体のすべり耐力とする。

　また，**図 10.4** に示す重ね継手や一面せん断継手では摩擦接合面の数は一つであるが，二面せん断継手では1本のボルトに対して摩擦面が二つ得られるので，すべり耐力を倍にしてよい。力を伝える際に板の偏心がないほうが望ましいこともあり，二面せん断継手がよく用いられる。

　以上より，ボルト継手全体のすべり耐力の特性値 P_r は次式となる。

$$P_r = nmP_a \tag{10.4}$$

ここで，n はボルト本数である。ボルト本数の考え方を**図 10.5** に示す。図 (b) の突合せ継手の場合には，接合線の片側当りの本数とするのは当然である。m

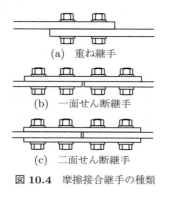

(a)　重ね継手

(b)　一面せん断継手

(c)　二面せん断継手

図 **10.4**　摩擦接合継手の種類

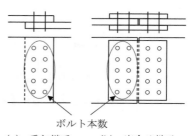

ボルト本数

(a)　重ね継手　　(b)　突合せ継手

図 **10.5**　ボルト本数

は摩擦接合面の数であり，重ね継手や一面せん断継手では $m = 1$，二面せん断継手では $m = 2$ とする。P_a は式 (10.3) に示した設計すべり耐力であるが，正確には，1 ボルト，1 摩擦面当りの設計すべり耐力である。

10.4.2 母板および連結板の耐力

ボルト継手においては，母板および連結板の断面積がボルト孔により損なわれるため，その影響を考慮する必要がある。4.2 節で述べたように，孔をあける前の断面積を総断面積，孔を差し引いた断面積を純断面積と呼ぶ。

例えば，図 **10.6** に示す材片の総断面積は $b \times t$ である。一方，純断面積の計算にあたっては，以下のような注意が必要である。前述のように，摩擦接合においてはボルト径よりも大きめの孔があけられる。国内の基準では，通常の場合，ボルト径よりも 3 mm 大きい孔（例えば M22 であれば 25mm の孔）まで許されている。よって，ボルト径を d とすると，差し引く孔径は $d' = d + 3$ 〔mm〕とする。例えば，図 (a) に示す材片の純断面積は

$$A_n = (b - 4d')t$$

として計算する。

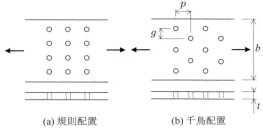

(a) 規則配置　　　　(b) 千鳥配置

図 **10.6** ボルトの配置

ボルトの配置は規則的であるとは限らず，図 (b) に示すように千鳥に配置されることがある。この場合の純断面積の計算方法も定められているので，各種設計基準類を参考にされたい。

　引張力を受けるボルト継手の母板や連結板に対しては，純断面での降伏を限界状態とするのが一般的である。すなわち，引張耐力は純断面積 A_n により

$$P_r = A_n f_{yd} \tag{10.5}$$

で求める。ここで，f_{yd} は設計降伏強度である。

　圧縮力を受ける継手の母板と連結板では，材片がボルトにより固定されているので，板の局部座屈は考えなくてよく，圧縮耐力は降伏耐力まで期待してよい。また，圧縮に抵抗できる断面は総断面としてよいこととなっている。すなわち，圧縮耐力は，総断面積 A_g を用いて

$$P_r = A_g f_{yd} \tag{10.6}$$

とする。

　曲げモーメントを受ける継手の母板と連結板の曲げ耐力の計算にも，総断面が用いられることが多い。曲げ耐力は

$$M_r = W f_{yd} \tag{10.7}$$

として求める。ここで，W は断面全体の中立軸に関する母板または連結板の断面係数であり，総断面に対して計算してよい。

10.5 ｜ 高力ボルト摩擦接合継手の設計

　高力ボルト摩擦接合継手の設計においては，特に曲げを受ける場合の作用力の取扱いがやや特殊である。そのため，ここでは設計耐力の説明に加え，作用力の考え方と照査方法についても同時に示すこととする。

10.5.1　土木学会標準示方書および鉄道橋設計標準の方法

〔1〕　設計すべり耐力と照査　　継手全体の設計すべり耐力 P_{rd} は，式 (10.4) を部材係数 γ_b で除して

$$P_{rd} = \frac{P_r}{\gamma_b} = \frac{nmP_a}{\gamma_b} \tag{10.8}$$

となる。これにより，軸方向力またはせん断力を受ける継手では，次式により照査を行う。

$$\gamma_i \frac{P_{sd}}{P_{rd}} \leqq 1.0$$

ここで，P_{sd} は設計軸方向力または設計せん断力である。

曲げモーメントを受ける継手では位置によって曲げ応力が異なるので，**図 10.7** に示すように，ボルト列ごとに分割して照査を行う。

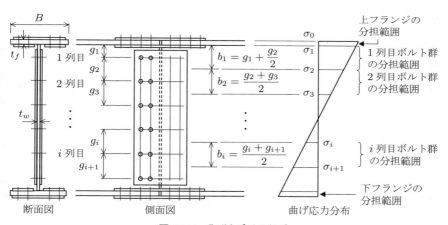

図 10.7 曲げを受ける継手

まず，上フランジについては，幅を B，板厚を t_f とすると

$$P_{sd} = \frac{\sigma_0 + \sigma_1}{2} B t_f$$

により軸方向力を求め，軸方向力を受ける継手として照査を行う。

次に，ウェブ上の各ボルト列に働く作用力（軸方向力）は，隣接するボルト列までの距離の半分（または縁端）の領域に生じている力として求める。図中の記号を用いると，ウェブの i 列目のボルト群に作用する設計軸方向力 $P_{sd,i}$ は

$$P_{sd,i} = \frac{\sigma_i + \sigma_{i+1}}{2} b_i t_w$$

となる。ただし，t_w はウェブの板厚である。一方，i 列目のボルト群のボルト本数（接合線の片側当り）を n_i とすると，その設計すべり耐力 $P_{rd,i}$ は

$$P_{rd,i} = \frac{n_i m P_a}{\gamma_b}$$

で表されるので，各列のボルト群に対して

$$\gamma_i \frac{P_{sd,i}}{P_{rd,i}} \leqq 1.0$$

であることを確認する。なお，この考え方によれば，中立軸付近ではボルト本数は少なく，外縁にいくほどボルト本数を多くしていけばよい。しかし，中立軸からの位置によってボルト本数を変えていくのは煩雑であるため，実際には各列のボルト本数を同じにするか，図 10.1 に示したように，せいぜい 2 段階に変化させるのが通常である。

　軸方向力，曲げモーメントおよびせん断力を受ける継手では，軸方向力と曲げモーメントによって生じる引張力または圧縮力と，せん断力の合力に対して照査を行う。はりの場合には，せん断力はウェブのボルトが均等に負担するものとする。ウェブの i 列目のボルト群に作用する引張力または圧縮力を $P_{sd,i}$，せん断力を $V_{sd,i}$ としたとき，合力は $\sqrt{P_{sd,i}^2 + V_{sd,i}^2}$ となるので，照査式は次式となる。

$$\gamma_i \sqrt{\left(\frac{P_{sd,i}}{P_{rd,i}}\right)^2 + \left(\frac{V_{sd,i}}{P_{rd,i}}\right)^2} \leqq 1.0$$

ここで，$P_{rd,i}$ は i 列目のボルト群の設計すべり耐力である。

　〔2〕　**母板と連結板の設計耐力と照査**　　図 **10.8** に示すように，作用力に抵抗している断面は，A-A では母板のみ，B-B では連結板のみである。よって，一般に母板単体と連結板単体のそれぞれについて照査を行う必要がある。

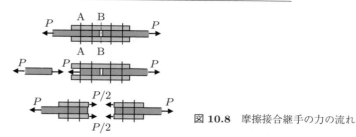

図 10.8 摩擦接合継手の力の流れ

ボルト継手の母板や連結板の設計引張耐力 P_{rtd}，設計圧縮耐力 P_{rcd}，設計曲げ耐力 M_{rd} は，式 (10.5) ～ (10.7) から

$$P_{rtd} = \frac{A_n f_{yd}}{\gamma_b}, \qquad P_{rcd} = \frac{A_g f_{yd}}{\gamma_b}, \qquad M_{rd} = \frac{W f_{yd}}{\gamma_b}$$

で求める。ここで，A_n は純断面積，A_g は総断面積，W は総断面に対する断面係数，f_{yd} は設計降伏強度，γ_b は部材係数である。これより，照査式は次式となる。

$$\gamma_i \frac{P_{std}}{P_{rtd}} \leqq 1.0, \qquad \gamma_i \frac{P_{scd}}{P_{rcd}} \leqq 1.0, \qquad \gamma_i \frac{M_{sd}}{M_{rd}} \leqq 1.0$$

ここで，P_{std} は設計引張力，P_{scd} は設計圧縮力，M_{sd} は設計曲げモーメント，γ_i は構造物係数である。

なお，曲げモーメントを受ける継手のウェブやウェブの連結板の照査に用いる設計曲げモーメント M_{sd} は，例えば次のようにして求めてよい。

$$M_{sd} = M \frac{I_w}{I}$$

ここで，M は設計曲げモーメント，I は部材断面全体の断面二次モーメント，I_w はウェブのみの断面二次モーメント（ただし断面全体の中立軸まわりとする）であり，それぞれ総断面に対して計算してよい。

10.5.2 道路橋示方書の方法

〔**1**〕 **ボルトの照査**　　道路橋示方書では，高力ボルト摩擦接合継手の限界

状態について，限界状態1としてボルトのすべりを，限界状態3としてボルトの破断を想定している。

限界状態1のすべりに関する照査式は

$$P_{sd} \leq \xi_1 \cdot \Phi_R \cdot n \cdot m \cdot P_k$$

である。ここで，P_{sd} は継手に生じる力，n はボルト本数，m は摩擦面の数，P_k は表10.3に示したすべり耐力の特性値，ξ_1 は調査・解析係数，Φ_R は抵抗係数である。

限界状態3に対する照査としては，ボルトのせん断破断強度を確認する。例えば軸方向力またはせん断力が作用する継手においては

$$V_{sd} \leq \xi_1 \cdot \xi_2 \cdot \Phi_R \cdot \tau_{uk} \cdot A_e \cdot m$$

で照査する。ここで，V_{sd} はボルト1本に生じる力，ξ_1 は調査・解析係数，ξ_2 は部材・構造係数，Φ_R は抵抗係数である。ξ_1 は0.90，$\xi_2 \cdot \Phi_R$（ξ_2 と Φ_R の積）は0.50としている。A_e はねじ部の有効断面積（表10.3参照），m は摩擦面の数である。τ_{uk} はボルトのせん断破断強度の特性値であり，ボルトの引張強度の $1/\sqrt{3}$ とする。

〔2〕　**母板の照査**　　道路橋示方書では，連結板の鋼種と断面積を，母板と同等以上とすることを原則としているため，一般に母板の照査のみでよく，連結板の照査は省略できる。

母板の降伏を限界状態としており，引張力を受ける継手では純断面，圧縮力を受ける継手では総断面を用いて計算される応力度が

$$\sigma_{ud} = \xi_1 \cdot \xi_2 \cdot \Phi_R \cdot f_{yk}$$

を超えないことを確認する。ξ_1 は調査・解析係数，ξ_2 は部材・構造係数，Φ_R は抵抗係数，f_{yk} は降伏強度の特性値である。ただし，限界状態1において，引張応力度を計算する際の純断面積は，実際の純断面積の1.1倍まで割り増してよいこととしている。これは，実際にはボルト孔周辺には摩擦力が作用し，一

部の力がそれによって伝達されることを考慮したものである。

10.6 | 高力ボルト摩擦接合継手の留意点

　前節での規定を満足するようにボルト本数を定めれば，安全性は確保される。ボルトをどのように配置するかは設計者の自由であるが，過去の経験などにより，ボルト配置について以下のような構造細目が規定されている。

　ボルト同士が接近しすぎていると締付け作業に支障をきたす。逆にボルトとボルトの間隔があきすぎていると，板の密着度が悪くなり，局部座屈が生じたり，滞水により腐食が生じたりする恐れがある。そのため，ボルト孔間隔にはある適正な範囲があり，道路橋示方書および鉄道橋設計標準では，表 10.4 に示すようにその最小値と最大値を規定している。

表 10.4 ボルト中心間隔の制限

ボルトの呼び	最小[*1]〔mm〕	最大〔mm〕[*2]		応力直角方向：g[*3]
			応力方向：p[*3]	
M20	65	130	左の値と $12t,\ 15t - \dfrac{3}{8}g$（千鳥の場合）のうち最も小さい値	$24t$ ただし 300 以下
M22	75	150		
M24	85	170		

[*1] やむを得ない場合にはボルト径の 3 倍まで小さくすることができる。
[*2] t は板厚〔mm〕
[*3] 図 10.6 参照

　最外に配置されたボルト孔中心から板の縁までの距離を縁端距離という。縁端距離が短すぎると縁端が引きちぎれるような破壊が生じる可能性があり，逆に長すぎると密着性が確保されない。そこで道路橋示方書および鉄道橋設計標準では，表 10.5 に示すようにその最小値と最大値を規定している。

　作用力の小さい継手では，例えばボルト 1 本でも耐力が十分な場合も出てくるが，部材間の密着性を確保するため，道路橋示方書や鉄道橋設計標準では，1群のボルト本数は 2 本以上としている。

表 10.5 ボルト孔中心から縁端までの距離の制限

ボルトの呼び	最小〔mm〕		最大〔mm〕
	せん断縁, 手動ガス切断縁	圧延縁, 仕上げ縁, 自動ガス切断縁	
M20	32	28	板厚の 8 倍ただし150 以下
M22	37	32	
M24	42	37	

演 習 問 題

〔**10.1**〕 **図 10.9** に示す高力ボルト摩擦接合継手に引張力が作用するとき，設計すべり耐力を計算せよ。使用するボルトは F10T，M22 であり，すべり係数は 0.4，材料係数は 1.05，部材係数は 1.1 とする。

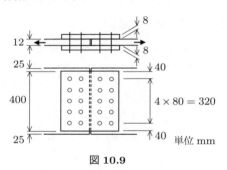

図 **10.9**

〔**10.2**〕 〔10.1〕に示す継手の母板および連結板の設計引張耐力を計算せよ。母板と連結板の鋼種は SM490Y であり，材料係数は 1.05，部材係数は 1.1 とする。

〔**10.3**〕 図 10.9 に示した高力ボルト摩擦接合継手に 95 kN·m の設計曲げモーメントが作用するときの設計照査を行え。構造物係数は 1.2 とし，その他の条件は〔10.1〕，〔10.2〕と同じとする。

11章 腐食と防食

◆本章のテーマ

　鋼構造部材に腐食が生じると，外力に抵抗できる有効断面積が減少し，部材耐力が低下する。本章では腐食の種類とその発生メカニズムについて述べたのち，土木鋼構造物に用いられる代表的な防食技術を紹介する。1 章で述べたように，最近ではライフサイクルコスト（LCC）を最小化することが求められるようになった。LCC に対しては，腐食への対策費用の多寡が非常に大きな影響を及ぼす。そのため，最近ではいろいろな防食技術が開発され，用いられている。

◆本章の構成（キーワード）

11.1　鋼の腐食
　　　　腐食メカニズム，犠牲防食作用
11.2　腐食環境
　　　　気象条件，飛来塩分，凍結防止剤
11.3　防食法の種類
11.4　塗装
　　　　塗装材料，塗装系
11.5　耐候性鋼材
　　　　保護性錆，層状はく離錆，SMA 材
11.6　その他の防食法
　　　　溶融亜鉛メッキ，金属溶射，電気防食

◆本章を学ぶと以下の内容をマスターできます

☞　腐食のメカニズムと影響因子
☞　防食法の種類と原理
☞　耐候性鋼材の特性

11.1 | 鋼 の 腐 食

　鉄は鉄鉱石中に酸化鉄の形で含まれている。その中から鉄を還元して取り出し，元素の添加や除去を行うことで，鋼ができる。酸化鉄のほうが熱力学的に安定なため，鋼に含まれる鉄は**腐食**（corrosion，酸化）によって元の安定な状態に戻ろうとする。そのため，鋼から腐食の問題を取り去ることは，原理的に不可能である。

　鋼構造物の腐食の分類を**図 11.1** に示す[19]。土木鋼構造物で問題となる腐食は，ほとんどが水と酸素の存在下で生じる腐食であり，これを湿食という。湿食は**図 11.2** に示すような電気化学反応に基づいて進行する。電極のうち，外部へ電子が流れ出す電極をアノード，外部から電子が流れ込む電極をカソードという。アノードにおいて鉄と水分が接触すると，鉄が電子を放出し鉄イオンになる。放出された電子はカソードにおいて水，酸素と結合し，水酸化イオンになる。水酸化イオンは鉄イオンと反応して水酸化鉄となり，それがさらに水，酸素と結合して水酸化第二鉄（赤錆）となる。この電気化学反応には水と酸素の供給が不可欠である。

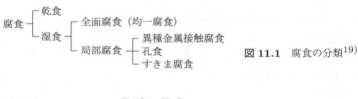

図 11.1　腐食の分類[19]

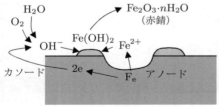

図 11.2　腐食のメカニズム

　湿食には全面腐食と局部腐食がある。全面腐食は広範囲にわたる領域が均一に腐食する現象である。局部腐食は限られた位置において腐食が進行するもの

であり，その進行速度は全面腐食に比べてきわめて速い。

　鋼構造物における代表的な局部腐食には異種金属接触腐食，孔食，すき間腐食がある。異種金属接触腐食は，電位の異なる金属が接触し，そこに電解質溶液が存在する場合に生じる。イオン化傾向の大きい金属（卑な金属）と小さい金属（貴な金属）間に電位差が生じ，電池が形成されて電流が流れ，卑な金属はイオンとなって溶液中に溶解し，腐食が促進される。金属の電位の例を**表11.1**に示す。

表11.1　金属の電位の例

卑（イオン化傾向大）	マグネシウム
	マグネシウム合金
	亜鉛
	アルミニウム
	鋼
	錬鉄
	鋳鉄
	ステンレス鋼（活性）
	鉛
	スズ
	黄銅
	銅
	ニッケル（不働態）
貴（イオン化傾向小）	ステンレス鋼（不働態）

　例えば鋼の継手にステンレスボルトを用い，そこに雨水などが存在すると，卑な鋼の腐食が促進される。逆に鋼と亜鉛を接触させておけば，卑な亜鉛の腐食は促進されるが鋼の腐食は防止できる。これを**犠牲防食作用**（sacrificial corrosion protection）という。犠牲防食作用は後述するジンクリッチペイント，溶融亜鉛メッキ，電気防食などの防食メカニズムとして用いられる。孔食はステンレス鋼などの不働態皮膜を形成した金属に発生しやすく，皮膜が局所的に破壊された場合に生じる。すき間腐食は鋼板の重ね合わせ部など，金属同士のすき間部に生じる腐食であり，すき間部に酸素濃度の差が生じると，酸素の少ない側がアノード，多い側がカソードになって腐食が生じる。

11.2 | 腐 食 環 境

　腐食反応には酸素と水の供給が必要である。酸素は大気より常時供給される。水は河川・海洋構造物にはもちろんのこと，陸上構造物においても，降雨や結露などによって供給される。また，大気中に含まれる亜硫酸ガスや，雨水に含まれる硫黄酸化物などは腐食を促進させる。このように，腐食の進行に対しては温度，湿度，日照，大気成分などの気象条件が大きく影響する。

　さらに，鋼材に塩分が付着すると，腐食の進行が著しく促進される。塩分は腐食反応そのものには関係しないが，腐食に不可欠な水分を保つ役割を果たす。塩分の供給源として考えられるものは海水である。海水が構造物に直接かかる場合はもちろんであるが，海岸から離れた構造物においても，その距離によっては風に乗って運ばれてくる飛来塩分が構造物に付着する。また，道路橋特有のものであるが，路面の凍結防止剤も塩分の供給源となる。1991 年のスパイクタイヤの禁止以降，寒冷地においては自動車のスリップ防止を目的として路面に凍結防止剤を散布するようになった。凍結防止剤は塩化カルシウムや塩化ナトリウムなどが主原料であり，これによって凝固点を下げ，路面の凍結を防止するのであるが，これが構造物に付着すると腐食を促進する。

　このような腐食の進行に関わる環境を腐食環境と呼ぶ。鋼構造物の防食法にはいろいろなものがあるが，腐食環境の厳しさに応じて適切なものを選択しなければならない。

11.3 | 防 食 法 の 種 類

　鋼構造物に用いられている一般的な防食法を図 11.3 に示す。表面被覆による防食は，鋼材表面に皮膜を作り，水や酸素と鋼材との接触を絶つ方法である。塗膜によって皮膜を形成するのが塗装であり，亜鉛やその合金で皮膜を形成するのがめっきおよび溶射である。クラッドは普通鋼の表面に耐食性に優れたステンレス鋼やチタンを貼り合わせることによって防食を行う方法である。それ

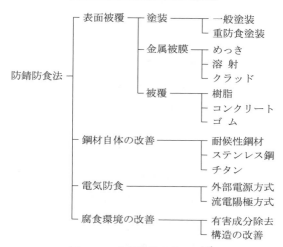

防錆防食法 — 表面被覆 — 塗装 — 一般塗装
　　　　　　　　　　　　　　└ 重防食塗装
　　　　　　　　　　金属被膜 — めっき
　　　　　　　　　　　　　　├ 溶射
　　　　　　　　　　　　　　└ クラッド
　　　　　　　　　　被覆 — 樹脂
　　　　　　　　　　　　　├ コンクリート
　　　　　　　　　　　　　└ ゴム
　　　　　　鋼材自体の改善 — 耐候性鋼材
　　　　　　　　　　　　　　├ ステンレス鋼
　　　　　　　　　　　　　　└ チタン
　　　　　　電気防食 — 外部電源方式
　　　　　　　　　　　└ 流電陽極方式
　　　　　　腐食環境の改善 — 有害成分除去
　　　　　　　　　　　　　　└ 構造の改善

図 11.3 各種防錆防食技術[19)]

ぞれステンレスクラッド鋼，チタンクラッド鋼と呼ばれる。防食効果は高く，腐食環境の厳しい箇所に用いられるが，高価である。ステンレスクラッド鋼は，水門などへの適用事例がある。チタンクラッド鋼は東京湾アクアラインの海中橋脚に用いられた実績がある。被覆は樹脂系，ゴム系，コンクリート系材料などを鋼部材に巻き立てるものであり，港湾構造物などの防食に用いられる。

　鋼材自体の改善による防食は，普通鋼よりも耐食性の高い材料を使用することによる防食法である。耐候性鋼材は最近非常に使用実績の増えている鋼材である。ステンレス鋼やチタンの利用も考えられるが，コストの面から土木構造物では一般的ではない。

　電気防食は鋼材に電流を流して腐食電流の回路を形成させない方法である。効果の高い防食法であるが，水中にある構造物や，コンクリート中の鉄筋などに適用は限られる。

　環境改善による防食法は，腐食環境を改善することにより鋼材の腐食進行を抑えるものである。水分や塩分の供給路を絶つことや，構造を改善して風通しを良くすることなどが該当する。

　以下に代表的な防食法について紹介する。

11.4 塗　　　装

塗装（painting）は鋼材表面に塗料を塗布し，塗膜を形成することによって，水，酸素などの腐食促進物質と鋼材とを遮断するものである。また，塗膜の色は比較的自由に選択できるため，構造物に色彩を付与することができる。

11.4.1 塗 装 材 料

塗料は一般に顔料，ビヒクル（展色材），添加剤，溶剤から構成される。顔料は水，油，溶剤のいずれにも溶けない固体粉末であり，塗膜の着色を目的とした着色顔料と防錆を目的とした防錆顔料とがある。ビヒクルは液体であり，顔料と練り合わされ，塗布後に乾燥して塗膜を形成する。ビヒクルに合成樹脂を用いた塗料は合成樹脂塗料と呼ばれ，その種類によりフタル酸樹脂塗料，塩化ゴム系塗料，ポリウレタン樹脂塗料などと呼ばれる。添加剤は塗料の乾燥を促進させたり，塗膜に平滑性を付与するためのものである。溶剤はビヒクルに流動性を与えるためのものであり，一般に有機溶剤が用いられる。

塗膜には長期間にわたる防錆機能，着色機能が求められる。これを単体で満足する塗料はないため，特性の異なる塗膜を何層かに塗り重ね，塗膜全体として必要な機能を確保する。塗り重ねられる塗膜の基本的な構成は，プライマー，下塗り，中塗り，上塗りである。

プライマーは工場における部材製作時の発錆を防止するものである。無機ジンクリッチプライマー，長ばく形エッチングプライマーがある。いずれも速乾性があり，鋼材への優れた密着性を有し，数か月の屋外暴露にも耐えられる。

下塗りは鋼材に接する塗膜であることから，防錆顔料を多く含み，密着性に優れた塗料が用いられる。

外面にさらされる上塗りは，水や空気を通しにくく，日射や大気などにより劣化しにくい性能が必要であり，耐水性や耐候性に優れた塗料が用いられる。

下塗り塗料と上塗り塗料は性質が異なり，直接塗り重ねられない場合が多いため，中塗りを施すことにより，両者の密着性を確保する。

11.4.2 塗　装　系

　塗り重ねる塗料の組み合わせ，膜厚，塗り重ね順序などにはあらかじめ規定
されたものがある。これを塗装系という。

　一例として，新設の鋼道路橋に用いられる塗装系を**表 11.2**に示す[19]。鋼道
路橋の塗装系においては，かつては A, B, C などがあり，A 塗装系は一般的な
環境，B 塗装系はやや厳しい環境，C 塗装系は厳しい腐食環境用として使い分
けられてきた。A, B, C の順で防錆効果は高くなるが，費用も同じ順で高くな
る。必要なだけの防錆性能を少ない費用で確保するという意味で，塗装系の使
い分けは合理的な考えである。しかし，A, B 塗装系において必ずしも十分な

表 11.2　鋼道路橋塗装・防食便覧における塗装系[19]

塗装部位	塗装系	塗装工程		塗料名	目標膜厚〔μm〕
一般外面	C-5	製鋼工場	素地調整	ブラスト処理 ISO Sa2 1/2	−
			プライマー	無機ジンクリッチプライマー	(15)
		橋梁製作工場	二次素地調整	ブラスト処理 ISO Sa2 1/2	−
			防食下地	無機ジンクリッチペイント	75
			ミストコート	エポキシ樹脂塗料下塗	−
			下塗	エポキシ樹脂塗料下塗	120
			中塗	ふっ素樹脂塗料中塗	30
			上塗	ふっ素樹脂塗料上塗	25
	A-5	製鋼工場	素地調整	ブラスト処理 ISO Sa2 1/2	−
			プライマー	長ばく形エッチングプライマー	(15)
		橋梁製作工場	二次素地調整	動力工具処理 ISO St.3	−
			下塗	鉛・クロムフリー錆止めペイント	35
			下塗	鉛・クロムフリー錆止めペイント	35
		現場	中塗	長油性フタル酸樹脂塗料中塗	30
			上塗	長油性フタル酸樹脂塗料上塗	25
内面	D-5	製鋼工場	素地調整	ブラスト処理 ISO Sa2 1/2	−
			プライマー	無機ジンクリッチプライマー	(15)
		橋梁製作工場	二次素地調整	動力工具処理 ISO St.3	−
			第 1 層	変成エポキシ樹脂塗料内面用	120
			第 2 層	変成エポキシ樹脂塗料内面用	120
	D-6	製鋼工場	素地調整	ブラスト処理 ISO Sa2 1/2	−
			プライマー	長ばく形エッチングプライマー	(15)
		橋梁製作工場	二次素地調整	動力工具処理 ISO St.3	−
			第 1 層	変成エポキシ樹脂塗料内面用	120
			第 2 層	変成エポキシ樹脂塗料内面用	120

防錆効果が得られない事例も少なくなかった。また，塗り替えにかかる費用が LCC 中に占める割合は大きく，LCC 削減のためにできるだけ塗膜の寿命を長くし，塗り替え回数を減らすことが求められるようになった。このような観点から，2005 年の『鋼道路橋塗装・防食便覧』[19] では，初期の塗装費用は多少増加しても，塗り替え回数を減らすことができる塗装系として，C 塗装系を用いることが基本とされた。同便覧では，従来の C 塗装系の C-4 から，塗料の使用量に若干の変更を加えた C-5 塗装系を新たに設け，新設の鋼道路橋の一般外面にはこれを用いることとしている。

　C 塗装系は下塗りに無機ジンクリッチペイントとエポキシ樹脂塗料を塗り重ねるのが特徴である。無機ジンクリッチペイントは，亜鉛の犠牲防食作用による高い防錆性能を有する。また，エポキシ樹脂塗料は耐水性や耐薬品性に優れ，水や塩分などの腐食因子の透過を防止する。上塗りに用いられるフッ素樹脂塗料は耐候性，耐水性，耐薬品性に優れ，色相や光沢を長期間保持することができる。

　ただし，一般環境に架設する場合で，特に LCC を考慮する必要のないときや，20 年以内に架け替えが予定されているときなどでは，表 11.2 に示した A-5 塗装系を用いてもよいこととしている。従来の A 塗装系では鉛系錆止めペイントが用いられていたが，その中には鉛，クロム等の有害金属が配合されていた。環境への配慮から，これらを大幅に少なくした鉛・クロムフリー錆止めペイントが 2008 年に JIS で規定されたのを受け，これを用いた塗装系として新設されたのが A-5 塗装系である。

　箱桁や橋脚などの閉断面部材の内面は外部環境にさらされることはないため，塗膜の耐候性や色相・光沢などについては考慮する必要はない。しかし閉断面部材内部には結露や漏水により滞水が生じることがあるため，耐水性に優れる塗膜が必要である。これまではタールエポキシ樹脂塗料が用いられてきたが，発ガン性の疑いのあるコールタールを含むことと，色が濃褐色で点検作業に支障をきたすことから，最近では表 11.2 に示したように，変成エポキシ樹脂塗料を用いた D-5 または D-6 塗装系を用いることとしている。

11.5 耐候性鋼材

　耐候性鋼材（corrosion resisting steel, weathering steel）は，P, Cu, Cr, Ni などの合金元素を添加することにより鋼材表面に緻密な錆を発錆させ，それによって鋼材表面を保護することで，それ以上の錆の進展を抑制するものである。図 **11.4** に普通鋼と耐候性鋼の錆の模式図を示す。耐候性鋼材では錆が 2 層となっており，地鉄の上に形成される内層錆と大気に触れる外層錆とに分かれている。このうち，内層錆が緻密な非晶質（アモルファス）となっており，これが地鉄を大気から遮断する。この錆を保護性錆と呼ぶ。

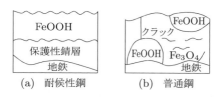

　　　　　　　(a)　耐候性鋼　　　　　　(b)　普通鋼

図 11.4　普通鋼と耐候性鋼の錆の模式図[20]

　保護性錆が形成されれば長期間にわたって高い防食性能を発揮することができるため，塗装のような定期的な塗り替えが不要になり，LCC 縮減の観点からきわめてメリットが大きい。

　保護性錆は時間をかけて形成されるものであるため，初期には錆むらが見られる。また，その段階においては降雨などによって錆汁が発生し，それが周辺の構造物に付着し，景観上の問題となる場合がある。これを避けるために，鋼材表面に表面処理剤を塗布することがある。表面処理剤は保護性錆の形成に伴って徐々に剥がれ落ち，最終的にはすべて消失する。

　保護性錆形成の成否を左右する大きな要因の一つに塩分がある。鋼材表面に塩分が付着すると，保護性錆は形成されず，図 **11.5** に示すような層状のはく離錆が生じることがある。塩分の供給源は前述のように海からの飛来塩分と凍結防止剤である。海からの飛来塩分に対しては，耐候性鋼材を使用できる地域を海から遠い場所に限定することで対処が行われている。道路橋示方書では，飛

11. 腐 食 と 防 食

図 11.5 層状はく離錆の例

来塩分量が 0.05 mdd† 以上になると保護性錆が形成されない恐れがあるとし，それを超えない地域として，**図 11.6** に示すように耐候性鋼が適用可能な地域が指定されている。ここに該当しない海沿いの地域では，実際に飛来塩分量を 1 年以上計測し，0.05 mdd 以下であることが確かめられれば用いることができ

地域区分		飛来塩分量の測定を省略してよい地域
日本海沿岸部	I	海岸線から 20 km を超える地域
	II	海岸線から 5 km を超える地域
太平洋沿岸部		海岸線から 2 km を超える地域
瀬戸内海沿岸部		海岸線から 1 km を超える地域
沖縄		なし

図 11.6 耐候性鋼材を無塗装で使用する場合の適用地域[4]

---

† mg/dm² /day で，1 日当り 1 dm²（平方デシメートル，10 × 10 cm の面積）に何 mg（ミリグラム）の塩分が観測されるかを示す単位。

る。凍結防止剤については路面排水をしっかりと行い，凍結防止剤を含んだ路面水が鋼部材に触れないようにする必要がある。

　JIS G3114 では溶接構造用耐候性熱間圧延鋼材として SMA 材を規定している。無塗装で使用することを前提にした W 材と，塗装を前提にした P 材とがあるが，P 材は塗装の効果が明確でないことなどの理由によりあまり用いられず，W 材が使用されることがほとんどである。SMA-W 材の JIS 規格を**表 11.3** に示す。SM 材と比較すると 490Y, 520 クラスのものがないが，SMA490 は実際には SM490 ではなく SM490Y に相当する。化学成分については，Cu, Cr, Ni の添加量が規定されている。

表 11.3　耐候性鋼材の JIS 規格

記号		最大板厚〔mm〕	化学成分〔%〕								板厚〔mm〕	降伏点最小〔N/mm²〕	引張強度〔N/mm²〕	伸び〔%〕	シャルピー吸収エネルギー〔J〕
			C	Si	Mn	P	S	Cu	Cr	Ni					
SMA400W	A B C	200 200 100	0.18以下	0.15〜0.65	1.25以下	0.035以下	0.035以下	0.30〜0.50	0.45〜0.75	0.05〜0.30	16以下 16超 40以下 40超 75以下 75超100以下 100超160以下 160超	245 235 215 215 205 195	400〜540	17〜23以上	B:27 以上(0°C)C:47 以上(0°C)
SMA490W	A B C	200 200 100	0.18以下	0.15〜0.65	1.40以下	0.035以下	0.035以下	0.30〜0.50	0.45〜0.75	0.05〜0.30	16以下 16超 40以下 40超 75以下 75超100以下 100超160以下 160超	365 355 335 325 305 295	490〜610	15〜21以上	B:27 以上(0°C)C:47 以上(0°C)
SMA570W		100	0.18以下	0.15〜0.65	1.40以下	0.035以下	0.035以下	0.30〜0.50	0.45〜0.75	0.05〜0.30	16以下 16超 40以下 40超 75以下 75超	460 450 430 420	570〜720	19〜26以上	47 以上(−5°C)

　3.4.3 項で示した JIS G3140 においても，耐候性仕様の SBHS 材として SBHS400W, 500W, 700W が規定されている。SBHS-W 材の JIS 規格を**表11.4** に示す。Cu, Cr, Ni の添加量が規定されている。機械的性質に関する規格は表 3.2 に示した通常の SBHS 材のものと同一である。

表 11.4　SBHS-W 材の JIS 規格

| 記　号 | 化学成分(%)[2] | | | | | | | | | 降伏点最小〔N/mm²〕 | 引張強度〔N/mm²〕 | 伸び[1]〔%〕 | シャルピー吸収エネルギー〔J〕 |
	C	Si	Mn	P	S	Cu	Ni	Cr	N				
SBHS400W	0.15以下	0.15〜0.55	2.00以下	0.020以下	0.006以下	0.30〜0.50	0.05〜0.30	0.45〜0.75	0.006以下	400	490〜640	15〜21	100 以上(0℃)
SBHS500W	0.11以下	0.15〜0.55	2.00以下	0.020以下	0.006以下	0.30〜0.50	0.05〜0.30	0.45〜0.75	0.006以下	500	570〜720	19〜26	100 以上(-5℃)
SBHS700W	0.11以下	0.15〜0.55	2.00以下	0.015以下	0.006以下	0.30〜1.50	0.05〜2.00	0.45〜1.20	0.006以下	700	780〜930	16〜24	100 以上(-40℃)

1) 伸びは板厚によって試験片が異なり，値の比較はできないので，おおよその範囲を示した。
2) SBHS700W はこのほかに Mo:0.60 以下，V:0.05 以下，B:0.005 以下。

11.6　その他の防食法

11.6.1　溶融亜鉛メッキ

　溶融亜鉛メッキ（hot dip galvanizing）は，鋼部材を丸ごと溶融亜鉛メッキ槽に浸漬し，鋼材表面に亜鉛メッキ層を形成させるものである。亜鉛メッキにより大気や水と鋼とが遮断され，鋼の腐食を防ぐことができる。また，亜鉛メッキに傷がついて環境遮断能力が損なわれた場合においても，亜鉛の犠牲防食作用により鋼の腐食を防げる。メッキ槽の大型化により，現在では長さ 15 m ほどの部材にも施工できるようになっている。

　大気中における亜鉛皮膜は，表面に不働態皮膜を形成し，内部の亜鉛の腐食を抑制する。そのため，溶融亜鉛メッキは，一般的な環境下では長期間にわたり高い防錆性能を発揮し続ける。しかし，塩分の多い環境では表面に不働態皮膜が形成されず，メッキ層が消耗して腐食が進行する。また，水に長く浸漬すると，亜鉛が溶け出すこともある。

　溶融した亜鉛は 440 °C 前後の高温にある。これが満たされたメッキ槽に鋼部材を浸漬すると部材の温度が一時的に上がり，温度応力により部材の変形や溶

接部の割れが生じることがあるため，材料選択や構造詳細に配慮が必要である。

11.6.2　金　属　溶　射

金属溶射（metal spray coating）は，鋼よりも卑な金属を瞬間的に溶融し，鋼材に吹き付けて皮膜を形成する防食方法である。金属を溶融する方法としてガス炎を用いるものをガス式溶射（フレーム溶射），電気アークを用いる方法を電気式溶射（アーク溶射）という。

溶射金属の種類によって，亜鉛溶射，アルミニウム溶射，亜鉛-アルミニウム合金溶射がある。また，亜鉛とアルミニウムとを同時に溶射すると，亜鉛層とアルミニウム層が重なった皮膜が形成され，これを亜鉛-アルミニウム擬合金溶射という。最近では，海洋構造物で実績があるアルミニウム-マグネシウム合金溶射が鋼橋に用いられることも多くなった。

溶融亜鉛メッキと同様に，溶射金属による環境遮断効果と犠牲防食作用が期待できるため，防食性能は高い。環境遮断効果はアルミニウム溶射が，犠牲防食作用の効果は亜鉛溶射が優れており，亜鉛-アルミニウム合金溶射，擬合金溶射は両者の特徴を併せ持つとされている。また，金属溶射は，溶融亜鉛メッキで生じるような熱影響が少ないことや，構造物の一部のみにも施工することができるという特徴を持つ。アルミニウム-マグネシウム溶射は耐海水性（耐塩分特性）に優れている。

しかし，金属溶射も溶射金属が消耗してしまえば鋼材の腐食が進行することとなる。そのため，塩分の多い環境や，排気ガスが滞留しやすい環境，アルカリを受ける環境などでは，使用の適否について十分に検討する必要がある。

11.6.3　電　気　防　食

電気防食（cathodic protection）は，構造物表面に強制的に防食電流を流入させ，陽極反応を阻止することにより防食するものである。防食電流を生じさせる仕組みにより，**流電陽極方式**（galvanic anode system）と**外部電源方式**（impressed voltage system）がある。一般には，港湾構造物や河川内の基礎な

ど，水中にある構造物に対して適用される。

　流電陽極方式は**図 11.7** (a) に示すように，鋼部材よりも自然電位が低い金属を陽極として用意し，鋼部材と電線で接続する。陽極と鋼部材間の異種金属電池作用により，鋼部材へ防食電流が流入する。陽極材料は，鋼との電位差の大きいマグネシウムまたはその合金が主体であるが，環境によっては亜鉛またはその合金，アルミニウム合金などが用いられる場合もある。港湾鋼構造物では一般にアルミニウム合金が用いられている。流電陽極方式は主として自然腐食の防止に用いられる。有効電圧が $0.2 \sim 0.7$ V と低いので，多数の陽極を必要とする。

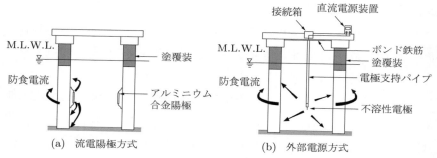

図 **11.7** 　電 気 防 食[21)]

　外部電源方式は図 (b) に示すように，直流電源装置から電線を通じて電圧を与え，電極から水を経て鋼部材に防食電流を流入させて腐食を防止する方法である。この方法では大電流を流すことが可能であり，また最高 600 V までの電圧を印加することができるので，大規模な構造物の防食に適している。電極の材料としては鋼，アルミニウムのような消耗性のものと，黒鉛，磁性酸化鉄，珪素鋳鉄，フェライト，鉛合金，白金などの難溶性のものとがある。

演 習 問 題

〔**11.1**〕 　腐食によって鋼トラス橋の部材が破断した事故について調べよ。
〔**11.2**〕 　近くの橋にどのような防食法が採用されているかを調べよ。
〔**11.3**〕 　塗装橋のライフサイクルコストに占める塗り替え費用の割合を調べよ。

12章 疲労

◆本章のテーマ

　土木鋼構造物の損傷事例には，疲労を原因とするものも多い。本章では高サイクル疲労を取り上げ，疲労のメカニズム，疲労強度に影響を及ぼす要因について述べる。また，疲労に対する設計強度と変動振幅応力の取扱いを述べたのち，疲労照査について解説する。

◆本章を学ぶと以下の内容をマスターできます

☞　疲労破壊のメカニズム
☞　溶接継手の疲労強度
☞　疲労設計法

12.1 | 疲 労 と は

　疲労（fatigue）とは，時間的に変動する荷重が繰返し作用することにより**き裂**（crack）が発生し，それがさらなる荷重の繰返しによって徐々に進展し，最終的に延性破壊やぜい性破壊につながる破壊現象をいう。

　図 12.1 に示すような面外ガセット継手を例にとって，具体的に説明しよう。この継手の主板に力を加えると，応力集中により，回し溶接の止端部に大きな応力が生じる。**図 12.2** に示すような，時間とともに変動する応力を主板に与え続けると，いずれかの時点で回し溶接止端部に疲労き裂が発生する。疲労き裂は，さらなる応力の繰返しとともに，応力方向に直角な向きに進展していく。図に示すように，板表面においてき裂が長くなっていくのはもちろんであるが，き裂は

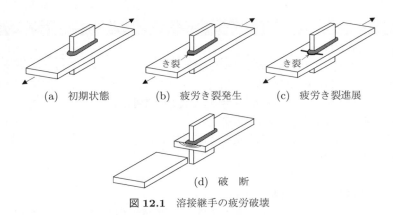

(a) 初期状態　　　(b) 疲労き裂発生　　　(c) 疲労き裂進展

(d) 破　断

図 12.1　溶接継手の疲労破壊

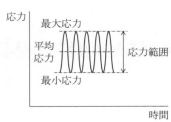

図 12.2　変 動 応 力

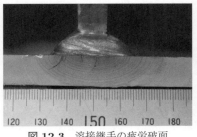

図 12.3　溶接継手の疲労破面

板厚方向にも進展し，ついにはき裂が板を貫通する。その後は板幅方向にき裂が急速に進展し，最終的には板が完全に破断する。**図 12.3** は実際に疲労破壊が生じた面外ガセット溶接継手の破面であり，疲労き裂が回し溶接部から発生し，半楕円形に近い形を保ちながら進展し，最後には破断に至っている様子がわかる。

疲労き裂の起点は，部材内で最も大きな応力が生じる位置，すなわち応力集中が最大となる位置である。平滑材の場合，疲労き裂の起点となるのは，微視的に見た表面の凹凸の中で，最も応力集中が厳しい箇所であると考えることができる。逆にいえば，平滑材の疲労強度は，表面状態に大きく影響を受ける。しかし，一般に平滑材の応力集中は小さく，疲労強度は高いことから，問題となることは少ない。

溶接継手の場合には明確な応力集中点が存在する。疲労き裂の起点となるのは，**図 12.4** に示すように溶接止端，溶接ルート，溶接欠陥に大別できる。溶接止端や，表面欠陥を起点とする疲労き裂は，ある程度の大きさになれば肉眼でも確認することができる。しかし，ルートから発生するき裂や，内部の溶接欠陥から発生するき裂は，それが板の表面に達しない限り目視で確認することはできず，また，それが表面に現れたときには，すでにかなりの長さに達している場合も多いので注意が必要である。

一般に 10^5 回以上の荷重の繰返しによって破断に至る疲労を**高サイクル疲労**

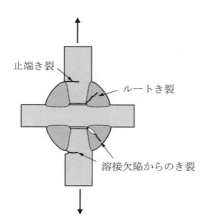

止端き裂
ルートき裂
溶接欠陥からのき裂

図 12.4 疲労き裂の起点

(high cycle fatigue) あるいは単に疲労と呼ぶ。高サイクル疲労においては，繰り返される応力の大きさが降伏応力などと比較してかなり小さいものであっても，破壊が生じることがある。10^5 回以下での荷重の繰返しによって破断に至る疲労は**低サイクル疲労**（low cycle fatigue）と呼ばれる。低サイクル疲労では，応力は鋼材の降伏応力を超えており，塑性ひずみの繰返しによって疲労が発生する。鋼橋においては，自動車や列車などの活荷重の繰返しによる高サイクル疲労が問題となる。また，地震時に大変形の繰返しが生じる場合には，低サイクル疲労が問題となる。

　以下では，土木鋼構造物に損傷事例の多い高サイクル疲労を取り上げて説明する。低サイクル疲労については，他の文献[22), 23)]を参考にされたい。

12.2 | 疲労強度曲線（S-N 線）

　き裂が発生したときの繰返し回数を**き裂発生寿命**（crack initiation life），その後のき裂の進展に費やされた繰返し回数を**き裂進展寿命**（crack propagation life）という。また，破断に至るまでの全繰返し回数を**破断寿命**（failure life）という。破断寿命はき裂発生寿命とき裂進展寿命の和である。一般には，これらのいずれかの寿命を指定し，**疲労寿命**（fatigue life）と称する。

　疲労寿命の長短は，発生する変動応力の応力範囲に依存する。**応力範囲**（stress range）とは，図 12.2 に示したように，繰り返される応力の最大値と最小値の代数差をいう[†]。また，最大応力と最小応力の平均は**平均応力**（mean stress）σ_m と呼ばれ，最小応力と最大応力の比は**応力比**（stress ratio）R と呼ばれる。**図 12.5** に各種応力波形を示す。$R > 0$ を部分片振り，$R = 0$ を完全片振り，$R = -1$ を完全両振りと呼ぶ。

　図 12.6 に示すように，応力範囲と疲労寿命は両対数紙上において直線関係を示す。このように応力範囲と疲労寿命との関係を表した曲線を **S-N 線**（S-N

[†]　応力範囲の半分の値は**応力振幅**（stress amplitude）と呼ばれ，それを用いてデータが整理されている場合もあるので注意が必要である。

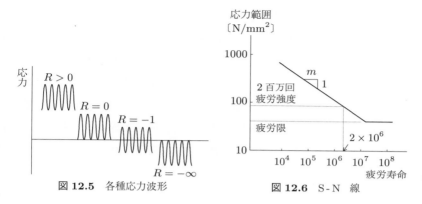

図 12.5　各種応力波形　　　　　　図 12.6　S‑N　線

curve）と呼ぶ。一般に応力範囲が小さくなるほど疲労寿命は長くなるため，S‑N
線は右下がりとなる。これを式で示すと

$$\Delta\sigma^m N_f = C \tag{12.1}$$

である。ここで，$\Delta\sigma$ は応力範囲，N_f は疲労寿命，m と C は定数である。S‑N
線が右上にあるほど疲労強度が高く，左下にあるほど低いのであるが，比較を
簡単にするため，2×10^6 回の疲労寿命に対応する応力範囲で疲労強度を代表
させることがある。これを 2 百万回疲労強度と呼ぶ。

　応力範囲がある値以下になると，いくら繰り返しても疲労破壊が生じなくな
り，S‑N 線は水平に折れ曲がる。この折れ曲がり点に相当する応力範囲を**疲労
限**（fatigue limit）あるいは耐久限度と呼ぶ。疲労限以下の応力の繰返しでは
試験片の破断は生じないが，試験後の試験片の表面には微視き裂が観察される
場合がある。すなわち，疲労限とはき裂が発生しないための限界応力ではなく，
微視き裂が進展しない限界の応力ととらえるのが正確である。

12.3 疲労強度に影響を与える因子

12.3.1　平均応力の影響

　疲労強度は繰り返される変動応力の平均応力 σ_m あるいは応力比 R が高くな
ると低くなる。この傾向は，平滑材の場合には顕著である。溶接継手の場合に

は，高い引張の溶接残留応力がすでに導入されているため，外力によって生じる応力レベルによらずつねに平均応力が高くなり，疲労強度が低下する。また，溶接残留応力が存在すると，外力によって生じる変動応力が圧縮でも，溶接部では引張領域で応力が繰り返されることになり，疲労き裂が発生することに注意が必要である。逆に，引張の溶接残留応力を小さくしたり，圧縮の残留応力を導入することができれば，平均応力が下がり，疲労強度は向上する。これを実現するための手法にはピーニング処理などがあり[24]，疲労強度向上法として用いられている。

12.3.2　止端形状の影響

溶接止端から発生する疲労き裂を対象にした場合，き裂発生位置における応力集中は，溶接ビードの微視的な形状によっても影響を受ける。止端部の形状が鋭いほど応力集中は大きくなり，疲労強度は低下する。逆に，溶接止端部の形状を滑らかにすれば，応力集中が小さくなり，疲労強度は向上する。溶接止端形状を滑らかにすることを**仕上げ**（toe finishing）といい，表面を削ることによって仕上げるグラインダー処理や，再溶融によって仕上げる TIG 処理などが，疲労強度向上法として実用化されている[25]。

12.3.3　板　厚　の　影　響

継手によっては，厚板を用いた溶接継手の疲労強度が薄板のそれよりも低くなることがある。これを**板厚効果**（thickness effect）という。溶接止端部から疲労き裂が発生する場合，破壊の起点となる止端部の応力集中は止端半径 ρ と主板厚 t の比 ρ/t に反比例する。溶接止端半径 ρ は溶接方法などによって決まるものであり，板厚とは無関係である。すなわち，ρ が一定であるとすれば，板が厚くなるほど応力集中係数が高くなる。これが板厚効果が生じる原因の一つである。ただし，板厚効果は継手の全体形状や，付加板の大きさ，溶接脚長などからも影響を受ける。

12.3.4 鋼 種 の 影 響

鋼素材の疲労強度は，静的強度の増加に伴って増加する。これは主としてき裂発生寿命が増加するためである。一方，溶接継手では高い応力集中部があるため，そこから早期に疲労き裂が発生し，き裂発生寿命よりもき裂進展寿命が支配的となる。き裂進展寿命に対しては，鋼種の影響はないことが知られている。そのため，溶接継手の疲労強度は鋼種によらない。高強度鋼を用いれば，部材の引張耐力や圧縮耐力は増加するが，溶接部の疲労強度は増加しない。よって高強度鋼を用いた溶接構造部材では，疲労が設計の決定要因となる可能性が高くなる。

12.4 設 計 疲 労 強 度

鋼構造部材に用いられる代表的な溶接継手に対しては，すでに膨大な数の疲労試験が行われ，データが蓄積されている。それを基に，データのほぼ下限をとることで設計用の疲労強度曲線が設定されている。

疲労設計は特別な場合を除いて，主板に生じる公称応力を基にして行われる。日本鋼構造協会の疲労設計指針改定案[26]に示されている疲労強度曲線のうち，直応力を受ける溶接継手に関するものを**図 12.7** に，それぞれの曲線のパラメー

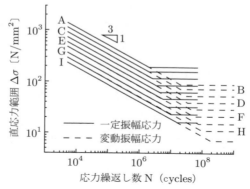

図 12.7 設計疲労強度曲線（直応力を受ける継手）[26]

タを**表 12.1** に示す。実線は一定振幅応力に対する設計曲線，破線は変動振幅
応力に対する設計曲線であり，両者は折れ曲がり点が異なる。一定振幅応力の
打切り限界は疲労限に対応するものである。変動振幅応力の打切り限界は，応
力範囲成分のうち，これ以下のものは考慮しなくてよい限界として設定された
ものである。

表 12.1　疲労強度曲線のパラメータ[26]

等級	2×10^6 回 疲労強度 〔N/mm^2〕	応力範囲の打切り限界			
		一定振幅応力		変動振幅応力	
		応力範囲 〔N/mm^2〕	繰返し数	応力範囲 〔N/mm^2〕	繰返し数
A	190	190	2.0×10^6	88	2.0×10^7
B	155	155	2.0×10^6	72	2.0×10^7
C	125	115	2.6×10^6	53	2.6×10^7
D	100	84	3.4×10^6	39	3.4×10^7
E	80	62	4.4×10^6	29	4.4×10^7
F	65	46	5.6×10^6	21	5.6×10^7
G	50	32	7.7×10^6	15	7.7×10^7
H	40	23	1.0×10^7	11	1.0×10^8
I	32	16	1.6×10^7	7	1.9×10^8

　図 12.7 に示される曲線のどれを用いるかは，溶接継手の全体形状ごとに指定
されている。これを疲労強度等級という。疲労強度等級分類の例を**表 12.2** に
示す。これはほんの一例であり，ほかにもさまざまな形状の溶接継手に対して
強度等級が定められている。代表的な溶接継手の疲労強度等級を**表 12.3** に示
しておく。

　破壊力学を用いて疲労強度を求める手法もある。溶接継手においては応力集
中部から比較的早期に疲労き裂が発生するため，疲労寿命の大部分はき裂進展
寿命であるとみなしてよい。き裂進展寿命は，破壊力学を用いた解析によって
精度良く予測することができる。詳細は文献[23],[26] を参照されたい。

表 12.2 継手の疲労強度等級分類の例[26]

横突合せ溶接継手

継手の種類		強度等級 ($\Delta\sigma_f$)	備 考
1. 余盛削除した継手		B (155)	
2. 止端仕上げした継手		C (125)	
3. 非仕上げ継手	(1) 両面溶接	D (100)	※ 完全溶込み溶接で，溶接部が健全であることを前提とする。 ※ 継手部にテーパがつく場合には，その勾配を1/5以下とする。 ※ 深さ 0.5 mm 以上のアンダーカットは除去する。 ※ (1., 2.) 仕上げはアンダーカットが残らないように行う。仕上げの方向は応力の方向と平行とする。
	(2) 良好な形状の裏波を有する片面溶接	D (100)	
	(3) 裏当て金付き片面溶接	F (65)	
	(4) 裏面の形状を確かめることのできない片面溶接	F (65)	

縦方向溶接継手

継手の種類		強度等級 ($\Delta\sigma_f$)	備 考
1. 完全溶込み溶接継手（溶接部が健全であることを前提とする）	(1) 余盛削除	B (155)	
	(2) 非仕上げ	C (125)	
2. 部分溶込み溶接継手		D (100)	
3. すみ肉溶接継手		D (100)	
4. 裏当て金付き溶接継手		E (80)	
5. 断続する溶接継手		E (80)	
6. スカラップを含む溶接継手	(1) 止端仕上げ	F (65)	※ (1.(2), 2., 3.) 棒継ぎにより生じたビード表面の著しい凹凸は除去する。 ※ (2., 3.) 内在する欠陥 k（ブローホールなどの丸みを帯びたもの）の幅が 1.5 mm，高さが 4 mm を超えないことが確かめられた場合には，強度等級を C とすることができる。
	(2) 非仕上げ	G (50)	
7. 切抜きガセットのフィレット部に接する溶接	(1) $1/5 \leq r/d$	D (100)	
	(2) $1/10 \leq r/d < 1/5$	E (80)	

表 12.3　代表的な溶接継手の疲労強度等級[26]

継手形状	溶接種別	強度等級		備　考
横突合せ溶接継手	完全溶込み溶接	D		余盛削除した場合は B 裏当て金がある場合は F
縦方向溶接継手	すみ肉溶接	D		
荷重非伝達型十字 すみ肉溶接継手	すみ肉溶接 または開先溶接	E		止端仕上げした場合は D
荷重伝達型十字す み肉溶接継手	完全溶込み溶接	E		止端仕上げした場合は D
	すみ肉溶接	F		止端破壊（主板断面） 止端仕上げした場合は E
		H		ルート破壊（のど断面）
面外ガセット継手	すみ肉溶接 または開先溶接	F	$l \leqq 100$	l はガセット長〔mm〕
		G	$l > 100$	
面内ガセット継手	フィレット付き の開先溶接	D	$1/3 \leqq r/d$	r はフィレット半径 d は主板幅
		E	$1/5 \leqq r/d < 1/3$	
		F	$1/10 \leqq r/d < 1/5$	

12.5　変動振幅応力の取扱い

　疲労は時間的に変動する応力の繰返しによって生じるが，繰り返される応力範囲が**図 12.8** (a) のように一定の値になることは少なく，図 (b) に示すように一つひとつの応力範囲の大きさが異なる場合のほうが多い。前者を**一定振幅応力**（constant amplitude stress），後者を**変動振幅応力**[†]（variable amplitude stress）と呼ぶ。

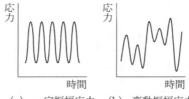

(a)　一定振幅応力　(b)　変動振幅応力　　　**図 12.8**　応　力　波　形

---

†　一定振幅応力も変動振幅応力も「応力」は「変動」する。変動振幅応力は「振幅」が「変動」するという意味である。

　変動振幅応力波形は，波数計数法を用いることにより，一つひとつの波に分解することができる。波数計数法にはさまざまなものがあるが，疲労の問題では**レインフロー法**（rain flow method）が用いられることが多い。**図 12.9** に示すように，水平に応力軸，鉛直に時間軸をとり，すべての極値の内側から水滴を流すものとすると，その流線は図中に示すようになる。ここで，例えば極大値 A からの流れが縁から下に落ち，別の極大値 B からの流れに当たった場合で，A よりも B のほうが小さい場合に，垂直に落ちた部分の波を取り出す。すなわち，連続する極値を σ_1, σ_2, σ_3, σ_4 としたときに，$\sigma_1 \geqq \sigma_3 \geqq \sigma_2 \geqq \sigma_4$ または $\sigma_1 \leqq \sigma_3 \leqq \sigma_2 \leqq \sigma_4$ の条件が満たされる場合に $|\sigma_2 - \sigma_3|$ の大きさの波を計数し，波形から極値 σ_2, σ_3 を削除する[27]。レインフロー法のほかにレンジペア法，ヒステリシスループ法などがあるが，得られる結果に大きな差はないといわれている。

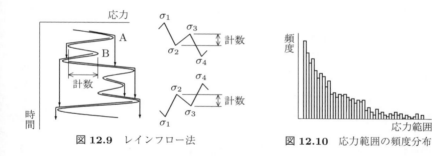

図 12.9 レインフロー法　　　　**図 12.10** 応力範囲の頻度分布

　さて，波数計数法により取り出された波の大きさ（応力範囲）とその個数とを集計すると，**図 12.10** に示すような応力範囲の頻度分布が得られる。それぞれの応力範囲による疲労損傷度を，以下の規則により足し合わせる。

　ある応力範囲 $\Delta\sigma_i$ に対応する疲労寿命を N_i とする。部材がこの応力範囲 $\Delta\sigma_i$ を n_i（$\leqq N_i$）回受けたとき，それによって生じる疲労損傷の程度が n_i/Ni であると仮定する。ここで，n_i/Ni を**疲労損傷比**（fatigue damage ratio）D_i と呼ぶ。応力範囲頻度分布に示されるすべての応力範囲の成分に対してこれを計算し，その単純和

$$D = \sum D_i$$

をとったものを**累積疲労損傷比**（cumulative fatigue damage ratio）という。
この累積疲労損傷比が 1.0 になったときを限界状態とする。これは，生じる応
力範囲の順番などの影響を無視し，1 回ごとの損傷が線形に累積されるという
ものであり，**線形被害則**（linear damage rule），Palmgren-Miner 則，Miner
則と呼ばれる。

　線形被害則を仮定すると，つぎのような表現もできる。式 (12.1) を用いると，
累積疲労損傷比は

$$\sum D_i = \sum \frac{n_i}{N_i} = \frac{1}{C} \sum \Delta \sigma_i^m n_i$$

となる。この累積疲労損傷比が，ある一つの応力範囲 $\Delta\sigma_{eq}$ が $\sum n_i$ 回繰り返
された際のそれに等しいとおき

$$\Delta \sigma_{eq}^m \sum n_i = \sum \Delta \sigma_i^m n_i$$

とすると

$$\Delta \sigma_{eq} = \sqrt[m]{\frac{\sum \Delta \sigma_i^m n_i}{\sum n_i}} \tag{12.2}$$

が得られる。$\Delta\sigma_{eq}$ は**等価応力範囲**（equivalent stress range）と呼ばれる。こ
れは変動振幅応力範囲の m 乗平均値の意味であり，変動振幅応力の代表値とし
て用いることができる。等価応力範囲の算定にあたっては，表 12.1 に示した変
動振幅応力の打切り限界以下の応力範囲の寄与はないものとして計算してよい。

12.6　疲　労　照　査

疲労照査はつぎの二つの考え方により行われる。

　一つ目は発生する応力範囲を疲労限以下に抑え，有害な疲労き裂の発生を防
止しようとするものである。疲労限照査，疲労限設計などと呼ばれる。き裂の

発生が致命的となる構造物や，設計寿命中の応力の繰返し回数が予測できない構造物などではこれが用いられる。疲労限照査は次式を確認することにより行われる。

$$\gamma_i \frac{\Delta\sigma}{\Delta\sigma_{crd}} \leqq 1.0$$

ここで，$\Delta\sigma$ は部材に生じる最大の設計応力範囲，$\Delta\sigma_{crd}$ は表 12.1 に示した一定振幅応力の打切り限界である。γ_i は構造物係数で，鉄道橋設計標準では $\gamma_i = 1.0$ としている。

　二つ目は，最大の設計応力範囲が一定振幅応力の打切り限界を超える場合の照査である。この場合には，設計寿命中の応力範囲の大きさとその頻度（すなわち応力範囲頻度分布）をあらかじめ予想し，それによる累積疲労損傷比 D が 1 を超えないことを確認する。これを有限寿命設計，繰返し数を考慮した設計などと呼ぶ。繰返し数を考慮した設計の照査式は

$$\gamma_i^m D \leqq 1.0$$

となる。鉄道橋設計標準では構造物係数 $\gamma_i = 1.0$ としている。m は式 (12.1) に示した疲労強度曲線の傾きを表す係数であり，直応力を受ける継手では 3 である。

　累積疲労損傷比の代わりに，等価応力範囲 $\Delta\sigma_{eq}$ により，次式で照査することもできる。

$$\gamma_i \frac{\Delta\sigma_{eq}}{\Delta\sigma_a} \leqq 1.0$$

ここで，$\Delta\sigma_a$ は以前は許容応力範囲と呼ばれていたもので，設計 S-N 線において総繰返し数 $\sum n_i$ に対応する応力範囲であり，式 (12.1) より次式で求められる。

$$\Delta\sigma_a = \sqrt[m]{C/\sum n_i}$$

　なお，上記の疲労照査において，実際には平均応力や板厚などによる補正が行われるが，ここでは説明を割愛する。詳細は疲労設計指針[26]を参照されたい。

演 習 問 題

〔**12.1**〕　荷重非伝達型十字すみ肉溶接継手（非仕上げ）に 120 N/mm² の一定振幅応力範囲が生じるとき，設計疲労寿命を計算せよ。

〔**12.2**〕　〔12.1〕において，溶接止端を仕上げたことにより強度等級が 1 等級上がった場合の寿命を計算せよ。

〔**12.3**〕　E 等級の継手に，1 日当り**表 12.4** に示すような応力範囲頻度分布を有する変動振幅応力が生じるとする。設計寿命を 100 年としたとき，等価応力範囲による疲労照査を行え。構造物係数 γ_i は 1.0 とする。

表 12.4　応力範囲頻度分布〔/日〕

応力範囲〔N/mm²〕	頻度
10	500
20	300
30	200
40	100
50	50
60	20

〔**12.4**〕　〔12.3〕において，累積疲労損傷比による疲労照査を行え。

13章 製作

◆本章のテーマ

鋼構造部材の製作に関する内容として，鋼の製造と材料学的特徴，鋼部材の製作に関する諸問題，それを解決するための取り組みについて述べる。設計と製作・施工とは密接に関係しており，本章の知識を備えておくことは，設計を考える上でも重要となる。

◆本章の構成（キーワード）

13.1 鋼の製造法

13.2 鋼の組織と相変態
    変態，オーステナイト，フェライト，パーライト

13.3 熱による鋼材特性の調整
    ベイナイト，マルテンサイト，熱処理

13.4 溶接施工
    溶接性，溶接割れ，溶接変形

13.5 高力ボルト摩擦接合継手の施工
    素地調整，軸力管理

13.6 接合方法の利点・欠点

13.7 非破壊検査
    磁粉探傷試験，浸透探傷試験，超音波探傷試験，放射線透過試験

13.8 高性能鋼材

◆本章を学ぶと以下の内容をマスターできます

☞ 鋼の製造法と材料特性

☞ 溶接施工の留意点

☞ 高力ボルトの施工の留意点

☞ 非破壊検査の種類と原理

13.1 鋼 の 製 造 法

図 **13.1** に現代の鋼の製造工程の概要を示す[28]。鉄は鉄鉱石中に酸化鉄の形で含まれている。その中から鉄を還元して取り出し，必要な元素の添加と不要な元素の除去を行うことで鋼ができる。

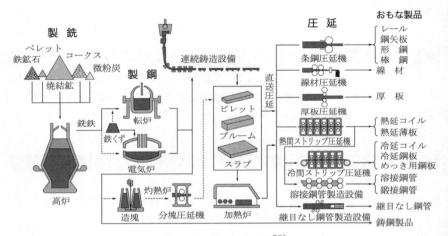

図 13.1 鋼の製造工程[28]

　原料となる鉄鉱石は石灰石とともに焼き固められ，還元剤であるコークスとともに高炉（溶鉱炉）に入れられて，2 000 °C 以上の温度で溶解される。溶解された鉄は銑鉄と呼ばれ，炭素を 4 % 程度含んでいる。鉄鉱石内にあった不純物は石灰石と結合し，スラグ（いわゆる高炉スラグ）として分離回収される。

　銑鉄は炭素量が多いため，銑鉄と少量の鉄くずを転炉に入れ，酸素を吹き込んで脱炭し，成分調整を行う。これを精錬という。この段階で炭素含有量は 1.7 % 未満に抑えられ，鋼と呼ばれるものになる。

　精錬された溶鋼は連続鋳造設備にかけられ，ビレット，ブルーム，スラブなどの半製品になる。半製品は圧延加工により板，鋼管，形鋼などの最終製品となる。電炉精錬の場合には鉄くずを主原料として鋼を作り，連続鋳造あるいは造塊，分塊工程を経た鋳片を高炉法と同じ工程で最終製品とする。

13.2 | 鋼の組織と相変態

鉄-炭素（Fe-C）合金には，溶融鉄，δ鉄（デルタフェライト），γ鉄（オース
テナイト），α鉄（フェライト），Fe_3C（セメンタイト）の5種類の相が存在す
る。**図13.2**にFe-C系状態図を示す。縦軸は温度，横軸はC含有量を示して
いる。C量が0.0218 %以下のものを**純鉄**（pure iron），0.0218～2.14 %の
ものを**鋼**（steel），2.14～6.69 %のものを**鋳鉄**（cast iron）と呼ぶ。

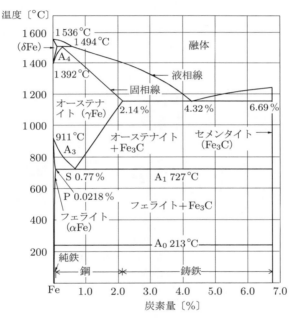

図 13.2 Fe-C 系状態図（Fe-Fe$_3$C 系）

まず，純鉄（C = 0）について見てみよう。純鉄は相に応じて，**図13.3**に示す
体心立方格子（bcc）か面心立方格子（fcc）のいずれかの結晶構造をとる。溶融
鉄を冷却していくと，まず1 536 °Cでbccのδ鉄に凝固する。その後1 392 °C
においてfccのγ鉄に変化し，911 °Cにおいて再びbccのα鉄に変化する。
このように結晶構造が変化する現象を変態と呼び，$\delta \leftrightarrow \gamma$の変態を$A_4$変態，
$\gamma \leftrightarrow \alpha$の変態を$A_3$変態と呼ぶ。

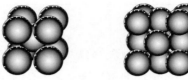

(a)　体心立方格子（bcc）　　（b）　面心立方格子（fcc）

図 13.3　bcc と fcc

　さて，平衡状態図を用いて鋼の組織の変化を見てみよう。鋼の C 量は 2.14 %
以下であるから，C 量が少ない領域を拡大して**図 13.4** に示す。溶融鉄の状態
から徐冷すると，鋼はすべてオーステナイト単相となる。さらに徐冷すると，C
量によって異なる組織が形成される。

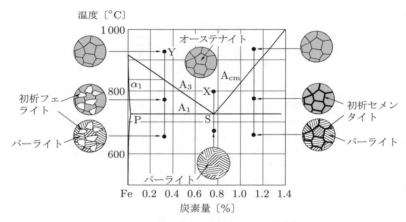

図 13.4　C 量が少ない領域の Fe-C 系状態図

　図中の S で示される組成（0.77 %，共析組成）の鋼を共析鋼といい，炭素量
がそれより少ない鋼を亜共析鋼，それより多い鋼を過共析鋼という。鋼構造物
に用いられるのは，おもに亜共析鋼である。

　共析鋼を点 X の温度から徐冷した場合を考える。オーステナイトは点 S（A₁
点，727 ℃）に達すると，点 P で示される炭素濃度（0.0218 %）のフェライト
と，炭素濃度（6.69 %）のセメンタイトに分解する。これを共析変態という。
この変態生成物はしま模様を呈し，パーライトと呼ばれる。パーライトは相の

名前ではなく，フェライトとセメンタイトからなるしま状組織につけられた名前である。

亜共析鋼を点 Y の温度から徐冷した場合には，まず A_3 線に達した時点で炭素濃度が α_1 のフェライトが析出してくる。これを初析フェライトと呼ぶ。さらに温度を下げるにつれて，初析フェライトの量が増加するとともに，残りのオーステナイトの C 量が A_3 線に沿って増加する。A_1 線直上に達したときには，炭素濃度 P のフェライトと共析組成 S のオーステナイトが共存する。そして，A_1 点においてオーステナイトが共析変態を起こしてパーライトとなる。このとき，初析フェライトは変化しない。最終的に，亜共析鋼は初析フェライトとパーライトが共存した組織となる。過共析鋼を徐冷した場合には，同様の経緯により，最終的に初析セメンタイトとパーライトの混合組織になる。

13.3 熱による鋼材特性の調整

13.3.1 冷却速度の影響

前節で述べたのは鋼を徐冷した場合である。これよりも速い速度で冷却すると，冷却速度が速くなるにつれて上部ベイナイト，下部ベイナイト，マルテンサイトと呼ばれる組織が生じる[30]。上部ベイナイトは，オーステナイト粒からラス（薄い木片）状に生成したフェライトの間に島状にマルテンサイトが生成した組織であり，じん性が低い。下部ベイナイトは上部ベイナイトと同様にラス状の組織となるが，その間にはセメンタイトが存在しており，じん性に富む。マルテンサイトは過飽和の C が固溶した組織であり，もろいが，非常に硬く，強度が高い。マルテンサイトをある割合で生成させることによって鋼材の強度は上昇するため，高強度鋼の製造に利用される。

13.3.2 熱　処　理

一度できあがった鋼を再度加熱し，適切な速度で冷却することにより，鋼材の強度，じん性，硬さなどの性質を調整することができる。また，圧延や溶接

などにより導入された残留応力を除去することもできる。これを**熱処理**（heat treatment）という。おもな熱処理はつぎの四つである。いずれも亜共析鋼の場合について述べる。

〔**1**〕　**焼きならし**（normalizing）　　図 13.4 の A_3 線より約 50 °C 高い温度に加温し，一様なオーステナイト組織にしたのち，大気中で空冷する熱処理である。圧延時の加熱などにより粗大化した組織の微細化や均質化がなされ，じん性や延性を向上させることができる。

〔**2**〕　**焼きなまし**（annealing）　　焼鈍とも呼ばれ，完全焼きなましと低温焼きなましがある。完全焼きなましは A_3 線より 30 ～ 50 °C 高い温度に加熱し，炉中で徐冷するものであり，鋼を完全に軟化させたり，組織を均一化するために行われる。低温焼きなましは A_1 線の直下，例えば 650 °C に加熱したのちに徐冷するものであり，残留応力を除去するために用いられる。変態は生じないため，組織の改善は期待できない。

〔**3**〕　**焼き入れ**（quenching）　　鋼をオーステナイト領域から急冷し，共析変態を抑えてマルテンサイトを生成させる熱処理である。強度を増加させるために行われるが，焼き入れのみでは硬くてもろい鋼となるため，つぎの焼き戻しとセットで行われる。

〔**4**〕　**焼き戻し**（tempering）　　焼き入れした不安定な状態の鋼の内部応力を除去し，硬さや強度の調整を行うためのもので，A_1 線の直下まで加熱したのちに冷やす。微細な球状炭化物を分散析出させた安定な焼き戻しマルテンサイト組織が得られ，強度とじん性に優れた鋼となる。

　高強度鋼の中には焼き入れ・焼き戻しにより強度を高めたものがある。このような鋼は**調質鋼**（heat treated steel）と呼ばれ，JIS では記号の最後に QT をつけて示す。調質鋼は再度高温加熱が行われるとその組織の特徴が失われるので，熱間加工の用途には適していない。また，溶接の入熱量にも留意する必要がある。

13.4 | 溶 接 施 工

溶接を行うと，溶接欠陥が発生したり，著しい材料のぜい化が生じることがある。そのようなことが生じにくい性質を**溶接性**（weldability）という。溶接性には鋼や溶材の材料特性，冶金的特性，溶接技術などが複雑に絡み合い，その確保にはさまざまな側面からの取り組みが必要となる。以下に，溶接性を確保するために知っておかなければならない溶接施工上の知識について述べる。

13.4.1 おもな溶接方法

〔1〕 被覆アーク溶接　　被覆アーク溶接（shielded metal arc welding, **SMAW**）に必要な機材は溶接機（電源）と**溶接棒**（electrode）のみである。溶接棒は図 **13.5** に示すように二重構造となっており，金属棒（心線）のまわりに被覆剤（フラックス）が塗られている。心線は溶加材として働き，アークによって溶融して，溶接後には溶接ビードを形成する。被覆剤はアーク熱によって分解し，アークを安定させると同時に，ガスを生成して溶融金属への酸素や窒素の侵入を防ぐ。また，溶融後にはスラグとなって溶接金属を覆い，大気から遮断するとともに急冷を防ぐ。

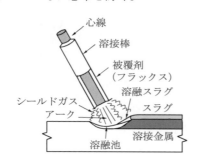

心線
溶接棒
被覆剤
（フラックス）
溶融スラグ
シールドガス　　スラグ
アーク
溶接金属　　**図 13.5** 被覆アーク溶接
溶融池

溶接棒は電極と溶加材を兼ねており（これを溶極式という），溶接の進行とともに溶けて短くなっていくことから，アーク長を一定に保つためには技量を要する。また，短くなった溶接棒は随時新しいものに取り替える必要がある。人

がホルダーを手に持って作業を行うことから，**手溶接**（manual welding）とも呼ばれる。

被覆アーク溶接は装置が簡便であり，適用範囲も広いため，以前は溶接法の主流であった。一方，溶接品質が施工者の技量に左右されやすいことや，拡散性水素量が高いこと，作業効率が悪いことなどから，最近では工場製作で使用されるケースは少なくなってきている。ただし，風の影響を受けにくいため，屋外の現場などにおいては現在も使用されている。

〔**2**〕　**ガスシールドアーク溶接**　　ガスシールドアーク溶接（gas-shielded metal arc welding，**GMAW**）はアーク周辺にシールドガスを供給しながら行う溶接であり，それにより溶融金属を大気から遮断する。溶接トーチは**図 13.6**に示すように二重構造になっていて，中央に溶接材料があり，その周辺からシールドガスが噴出する。シールドガスとしてアルゴンなどの不活性ガスを使用するものを **MIG 溶接**（metal inert gas welding），炭酸ガスなどの活性ガスを用いるものを **MAG 溶接**（metal active gas welding）という。

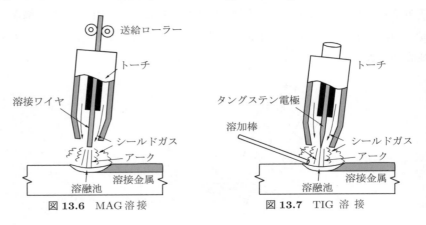

図 **13.6**　MAG 溶接　　　　　図 **13.7**　TIG 溶接

鋼構造物の製作では，安価な炭酸ガスを用いた MAG 溶接（炭酸ガス溶接，CO_2 溶接ともいう）がおもに用いられる。MAG 溶接で用いる溶加材は長いワイヤ状になっており，溶接ワイヤと呼ばれる。溶極式の溶接法であり，溶接ワイヤは消耗するが，その分はモーターによってリールから自動的に補給される。

　MAG 溶接は被覆アーク溶接と比べて拡散性水素量が低く，溶接割れが発生しにくい。また，溶接ワイヤを自動送給するため作業効率が高い。ワイヤを自動で供給し，溶接トーチを人の手で動かすものを半自動溶接と呼ぶが，溶接トーチを機械的に動かすようにすれば，自動溶接も可能である。これらの利点から，最近では主流の溶接法となっている。ただし，風の影響を受けるので，野外で施工する際には防風対策を講じる必要がある。

　MIG 溶接の代表的なものに **TIG 溶接**（tungsten inert gas welding）がある。その概要を**図 13.7** に示す。非溶極式の溶接法であり，非消耗電極にタングステンを用い，溶加棒は別途供給する。TIG 溶接は溶加材の供給量を調整することで全ポジションでの溶接が容易であり，安定したビードが得られるという特徴を持つ。ただし，他の溶接法と比較して 1 パス当りの溶着量が小さく，能率が低いのが欠点である。

〔**3**〕　**サブマージアーク溶接**　　**サブマージアーク溶接**（submerged arc welding, **SAW**）は，**図 13.8** に示すように，溶接を行う線上にあらかじめ粒状のフラックスを敷き詰めておき，その中に溶接ワイヤを差し込んで母材との間にアークを発生させて行う溶接である。フラックスは大気の侵入を防ぐとともに，溶融後はスラグとなって溶接金属を覆う。ワイヤの供給と装置の走行を自動で行う，いわゆる自動溶接とするのが通常である。

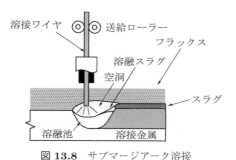

図 13.8　サブマージアーク溶接

　サブマージアーク溶接の溶接ワイヤには $3 \sim 6$ mm ほどの径のワイヤが用いられる。太径のワイヤに大電流を供給するため，溶着速度が高く，溶込み量が大きい。そのため，他の溶接法と比べて溶接パス数を減らすことができ，作業の効率化が図れる。欠点は，装置が大型であることや，上向きの溶接ができないことである。

　サブマージアーク溶接は，長い直線状の溶接に最も適している。そのため，フランジとウェブのすみ肉溶接や，箱形断面部材の角溶接などを中心に，橋梁，造船，建築をはじめとする幅広い分野で使用されている。

13.4.2　溶接入熱と冷却速度

　溶接による熱履歴や熱影響範囲は，投入される熱エネルギーの量によって異なる。その指標が溶接入熱であり，単位溶接長さ当りに投入される熱量 H 〔J/mm〕は

$$H = (E \cdot I/v) \times 60$$

で与えられる。ここで，E はアーク電圧〔V〕，I は溶接電流〔A〕，v は溶接速度〔mm/min〕である。

　入熱量が大きいほど，板が薄いほど，板の初温が高いほど冷却時間は長くなり，冷却速度は遅くなる。このほか，冷却速度はパス間温度，継手形状などによっても変化する。冷却時間が長すぎると溶接部でのぜい化が顕著になるため，道路橋示方書では 1 パスの入熱量の制限値が示されており，SM570，SMA570，SM520，SMA490 に対しては $7\,000$ J/mm，SM490，SM490Y に対しては $10\,000$ J/mm を超える場合，溶接施工試験を行うことが義務付けられている。鉄道橋設計標準でもほぼ同様の規定がある。

13.4.3　硬　　　　　さ

　溶接部組織のおおよその材料特性を知るための指標として，硬さ（hardness）がよく用いられる。硬さとは，硬い圧子を鋼材表面に押し付けた際にできる圧

痕の大きさから求められる尺度である。圧子のタイプによりいくつか試験法があるが，よく用いられるのはビッカース硬さである。これはダイヤモンドでできた正四角錐を鋼材に押し付けて圧痕をつけ，その際の荷重を圧痕の面積で除して求める。

硬さは鋼材の静的強度とは正の相関があり，じん性とは負の相関があることがわかっている。また，硬さは溶接割れ発生の目安としても用いられ，ビッカース硬さが 350 を超えると，溶接割れが発生する可能性が高くなるといわれている。

13.4.4 溶接部の組織

溶接部の金属組織を**図 13.9** に示す。溶加材が冷え固まってできた部分は**溶接金属部**（weld metal, deposited metal）と呼ばれる。溶接金属部に接する母材の周辺は，溶接時の熱影響により独特の特性を有しており，それを**熱影響部**（heat affected zone, **HAZ**）と呼ぶ。また，溶接金属部と熱影響部の境界線は，**フュージョンライン**（fusion line）または**ボンド**（bond）という。熱影響部の外側は原質部である。それぞれの領域において，最高加熱温度や冷却速度が異なるため，それに応じて組織が異なっている。さらに，多パス溶接が行われる際には多重の熱履歴を受けるため，組織は一層複雑になる。

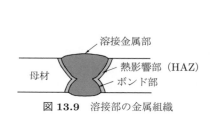

図 13.9 溶接部の金属組織

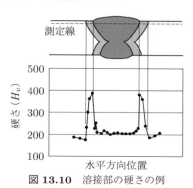

図 13.10 溶接部の硬さの例

溶接部において特に注意を払わなければならないのは，HAZ の特性である。ボンドに近い HAZ では溶接時の最高加熱温度が溶融温度に近くなるため，結晶

粒が粗大化し，硬化しやすい。また，熱影響部の組織は冷却時間に大きく影響を受ける。冷却時間が短いとマルテンサイト主体の組織となり，著しい硬化と，じん性の低下が生じる。逆に冷却時間が長すぎると，上部ベイナイト主体の組織となって，やはりじん性が低下する。**図 13.10** に溶接継手部の硬さの分布を示す。HAZ，特にボンドに近い領域で局所的に硬化している様子がわかる。

13.4.5 溶 接 割 れ

溶接割れ（weld crack）は溶接施工中または施工後に溶接部に発生する割れである。溶接割れは鋭い先端を有し，疲労強度やじん性を著しく低下させるため，その防止には特に留意しなければならない。溶接割れの発生のしやすさは，溶接性を左右する最重要因子である。

溶接割れの種類を**図 13.11** に示す。溶接割れはラメラテア，高温割れ，低温割れに分類される。発生する位置や方向もさまざまであり，表面に現れる割れや溶接金属内部の割れ，HAZ に沿って発生する割れなどがある。

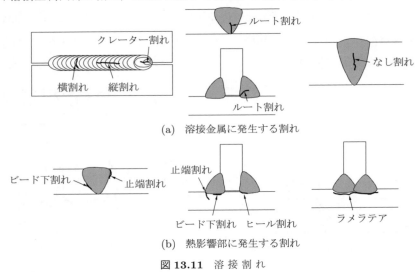

(a) 溶接金属に発生する割れ

(b) 熱影響部に発生する割れ

図 13.11 溶 接 割 れ

ラメラテア（lamellar tear）は板厚方向に引張応力が作用する部位の溶接部などに，板表面と平行にはく離状の割れが生じるものである。はく離状の割れ

は，鋼中の MnS 系介在物が圧延工程で延ばされたものが開口することにより生じるため，S 量が多い鋼材ではラメラテアが発生しやすい。耐ラメラテア性を評価する指標として，板厚方向に切り出した試験体に対して引張試験を行い，その絞り値を用いることがある。ラメラテアを防止するためには，適切な耐ラメラテア性を有している鋼材を使用する必要がある。また，板厚方向に引張応力が生じないように，溶接順序や構造詳細を工夫することが必要である。

高温割れ（hot crack）は，溶接金属部が固相線温度以上の高温にあるときに発生する割れで，凝固中の組織の延性が乏しい状態のときに，収縮ひずみに抵抗できずに発生する。凝固時に生じる組織の境界に残存する不純物が影響しているといわれており，S, P のほか C, Si, Ni などが割れを促進する元素として知られている。また，高温割れの一つである，なし形ビード割れは，サブマージアーク溶接や CO_2 溶接により高電流高速溶接を行う際に，ビード幅に対して溶込み深さが大きいビード形状になると生じやすい。ビード幅とビード高さの比を 1 以上にすると，発生しにくくなることが知られている。

低温割れ（cold crack）は 300 °C 以下で発生する割れで，溶接後数日内に発生する。溶融金属内に取り込まれた拡散性水素がその発生に大きく関与している。水素源としては被覆剤（フラックス）中の水分や有機物，大気中の水分などがある。拡散性水素は，冷却過程である程度は放出されるが，HAZ に拡散して残留すると割れを引き起こす。冷却過程において，100 °C 前後に下がるまでの時間を長くすると，水素が多く放出されて残留水素量が低減するので，割れが生じにくくなる。

低温割れを防ぐためには，拡散性水素量の低い溶接材料と溶接方法を使用することがまず必要である。しかしそれだけでは不十分であるため，以下のような取り組みが行われている。

〔**1**〕 **鋼材の成分** 低温割れの発生のしやすさは硬化性（最高硬さ）に関連付けられるとされ，硬化性と相関のある**炭素当量**（carbon equivalent）C_{eq} がその指標としてしばしば用いられる。炭素当量を求める式にはいくつか種類があるが，JIS ではつぎの式で表される。

$$C_{eq} = C + \frac{S_i}{24} + \frac{M_n}{6} + \frac{N_i}{40} + \frac{C_r}{5} + \frac{M_o}{4} + \frac{V}{14} \quad [\%]$$

式中の元素記号はその含有量を重量%で示したものである。一般に炭素が多くなるほど硬化性は増すが，炭素当量は他の合金元素の効果を炭素の効果に換算したものであり，この値が大きいほど硬化が生じやすい。

　最近では，より直接的に低温割れの発生のしやすさを評価できる指標として，次式に示す**溶接割れ感受性組成**（cracking parameter of material）P_{CM} および**溶接割れ感受性指数**（cracking parameter）P_C が用いられることが多くなった[31]。

$$P_{CM} = C + \frac{S_i}{30} + \frac{M_n}{20} + \frac{C_u}{20} + \frac{N_i}{60} + \frac{C_r}{20} + \frac{M_o}{15} + \frac{V}{10} + 5B \quad [\%]$$

$$P_C = P_{CM} + \frac{t}{600} + \frac{H}{60} \quad [\%]$$

ここで，t は板厚〔mm〕，H は拡散性水素量である。さらに，周辺の拘束度の影響を考慮した割れ感受性指数 P_W が次式のように提案されている[32]。

$$P_W = P_{CM} + \frac{K}{400\,000} + \frac{H}{60} \quad [\%]$$

ここで，K は拘束度〔N/mm·mm〕である。**拘束度**（restraint factor）とは，溶接継手のルート間隔を単位長さ（1 mm）狭めるために必要な応力（拘束係数）に板厚を乗じたものとして定義されている[33],[34]。

　炭素当量 C_{eq} や溶接割れ感受性組成 P_{CM} は鋼材の成分のみから定まる値であり，これが大きいと溶接割れが発生しやすくなる。そのため，JIS においては，SM490 以上の鋼材に対して，製鋼方法などによって C_{eq} または P_{CM} の上限値を規定している。例えば，焼き入れ，焼き戻しで製作した SM570，SMA570 では，板厚 50 mm 以下の鋼板に対して炭素当量 0.44 以下，板厚 50 ～ 100 mm に対して 0.47 以下としている。炭素当量の代わりに P_{CM} を使用してもよく，その場合，板厚 50 mm 以下の鋼板に対して P_{CM} は 0.28 以下，板厚 50 ～ 100 mm に対して 0.30 以下としている。

〔**2**〕**予　　　　熱**　　前述したように，冷却時間を長くすると拡散性水素が放出され，割れが生じにくくなる。冷却時間は，鋼材の初温を上げると長くすることができ，溶接前に板の温度を上げておくことを**予熱**（pre-heating）という。予熱はガス炎加熱，電気抵抗加熱などにより，溶接を施す周辺の部位に対して行われる。必要となる予熱温度 T_P と割れ感受性指数 P_C との間には，つ

表 13.1　道路橋示方書における予熱温度の標準〔°C〕

鋼　種	溶　接　方　法	板厚区分〔mm〕			
		25以下	25を超え40以下	40を超え50以下	50を超え100以下
SM400	低水素系以外の溶接棒による被覆アーク溶接	予熱なし	50	—	—
	低水素系の溶接棒による被覆アーク溶接	予熱なし	予熱なし	50	50
	サブマージアーク溶接ガスシールドアーク溶接	予熱なし	予熱なし	予熱なし	予熱なし
SMA400W	低水素系の溶接棒による被覆アーク溶接	予熱なし	予熱なし	50	50
	サブマージアーク溶接ガスシールドアーク溶接	予熱なし	予熱なし	予熱なし	予熱なし
SM490 SM490Y	低水素系の溶接棒による被覆アーク溶接	予熱なし	50	80	80
	サブマージアーク溶接ガスシールドアーク溶接	予熱なし	予熱なし	50	50
SM520 SM570	低水素系の溶接棒による被覆アーク溶接	予熱なし	80	80	100
	サブマージアーク溶接ガスシールドアーク溶接	予熱なし	50	50	80
SMA490W SMA570W	低水素系の溶接棒による被覆アーク溶接	予熱なし	80	80	100
	サブマージアーク溶接ガスシールドアーク溶接	予熱なし	50	50	80
SBHS400 SBHS400W SBHS500 SBHS500W	低水素系の溶接棒による被覆アーク溶接	予熱なし	予熱なし	予熱なし	予熱なし
	サブマージアーク溶接ガスシールドアーク溶接	予熱なし	予熱なし	予熱なし	予熱なし

注：“予熱なし”については気温（室内の場合は室温）が5°C以下の場合は20°C程度に加熱する．

ぎの関係があることが，実験的に明らかにされている[31]。

$$T_P [\,^\circ\mathrm{C}\,] = 1\,440\mathrm{P_C} - 392$$

道路橋示方書では，上式の $\mathrm{P_C}$ を $\mathrm{P_W}$ に置き換え，拘束係数として 200 N/mm，拡散性水素量として低水素被覆アーク溶接で 0.02 ml/g，サブマージアーク溶接およびガスシールドアーク溶接で 0.01 ml/g を仮定し，**表 13.1** に示すような予熱温度を規定している。鉄道橋設計標準でも同様の考え方により予熱温度が規定されている。

13.4.6 その他の溶接欠陥

溶接方法や溶接材料が不適切であったり，作業者の技量が十分でない場合などには，溶接割れ以外にもさまざまな**溶接欠陥**（weld defect）が発生する可能性がある。溶接割れ以外の代表的な溶接欠陥を**図 13.12** に示す。

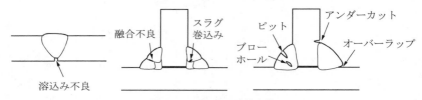

図 13.12　おもな溶接欠陥

13.4.7 溶 接 変 形

溶接を行うと，溶接熱による不均一な膨張と冷却過程での収縮により，溶接部は変形する。代表的な変形を**図 13.13** に示す。

板が拘束された状態で溶接を施すと，溶接変形が拘束される代わりに内部応力が発生する。これを**拘束応力**（restraint stress）という。拘束応力は溶接残留応力と異なり，溶接部近傍のみならず，場合によっては周辺の板にも大きな応力を発生させることがあるので，注意が必要である。例えば，**図 13.14** に示す構造の場合，ウェブとフランジの溶接を行ってからフランジの突合せ溶接を

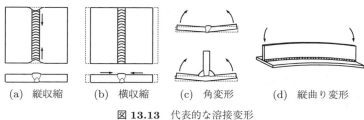

(a) 縦収縮   (b) 横収縮   (c) 角変形   (d) 縦曲り変形

図 13.13 代表的な溶接変形

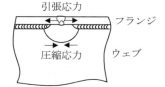

図 13.14 拘束の高い継手の例

行うと，拘束が高いためウェブに圧縮応力が発生し，場合によっては座屈することもある。この例でいえば，フランジの突合せ溶接を先に行った上で，フランジとウェブの溶接を行うのが望ましい。

また，5.1.4 項で示したように，溶接変形によって部材や板にたわみが生じると，座屈強度が低下する。そのため，座屈に関する耐荷力曲線は，溶接変形を含んだ部材の実験結果や解析結果に基づいて設定されている。

溶接変形に影響する因子には，入熱量，溶着量（開先形状），板厚，拘束状態，溶接順序などがある。有害な変形が生じないようにこれらの条件を工夫するほか，図 **13.15** に示すように，溶接変形を見込んで事前に板に変形（逆ひずみ）を与えておいたり，収縮量を見込んで板取りを行ったりするなどの処置がとられる。変形が生じないように拘束冶具を用いるのも有効であるが，拘束の度合いによっては大きな拘束応力の発生や溶接割れの原因となるため，注意が必要である。

いかに工夫をしても，ある程度の溶接変形は避けられないため，過大な変形

溶接前   溶接後   **図 13.15** 逆 ひ ず み

は部材完成後に矯正する必要がある。変形を矯正する方法として，プレスにより機械的に矯正する方法や，ガスバーナーで加熱矯正する方法などがある。

13.4.8 溶接施工の留意点

〔1〕 **溶接前の管理**   適切な溶接を行うためには，溶接前において，母板を正しい位置にセットしておくことがまず必要である。管理項目としては**図 13.16**に示すようなものがあり，施工基準類において各管理項目の許容範囲が示されている[35]。

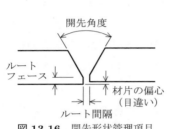

図 **13.16** 開先形状管理項目

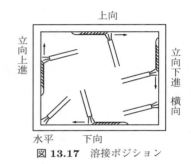

図 **13.17** 溶接ポジション

〔2〕 **溶接ポジション**   溶接金属は一時的に溶融状態になり，重力の影響を受ける。そのため，溶接を行う方向により，溶接作業の難易度や溶接の品質が異なる。溶接をどの方向に向かって行うかを**溶接ポジション**（welding position）という。溶接ポジションは**図 13.17**に示すように分類されるが，溶接が容易なのは下向き溶接，水平溶接であり，最も難しいのが上向き溶接である。工場製作においては，できるだけ下向きや水平のポジションが確保できるように，組立て順序が計画される。

〔3〕 **完全溶込み溶接の施工**   完全溶込み溶接継手は，一般に荷重伝達機能を担うことから，その品質には特に留意する必要がある。

完全溶込み溶接は，板の両面から行う場合と片面から行う場合がある。K 形開先や X 形開先などを用いて表面，裏面の順で溶接を行う場合，表面に対して行った溶接の初層ビードは品質が悪いことが多いため，裏面の溶接を行う前に

それを除去する必要がある。これを**裏はつり**（back gouzing）という。裏はつりには，通常，ガウジングが用いられる。これは，アーク熱で金属を溶かし，それを圧縮空気によって吹き飛ばす手法である。

　レ形開先やV形開先などで片面のみから溶接を行う場合，裏面（開先と反対面）にビードを形成する溶接を裏波溶接という。裏面からの溶接の抜け落ちを防止したり，溶接中の裏面ビードを保護したりするため，あらかじめセラミクスなどでできた裏当材を設置しておくとともに，初層のみは専用の溶接棒で施工する。裏当材として鋼板の裏面にあらかじめ鋼板を溶接しておくこともある。これを裏当て金という。溶接が終了したのちには，裏当て金にも一部溶込みが生じて継手の一部となるが，このような継手は疲労強度が低いので，注意が必要である。

　2枚の母板の板厚や板幅が異なる場合には，応力集中を避けるため，**図 13.18**に示すように断面を滑らかに変化させる。道路橋示方書や鉄道橋設計標準では，板幅や板厚に1/5以下の傾斜をつけて接合することとしている。

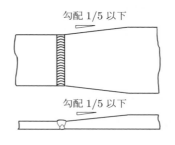

勾配 1/5 以下

勾配 1/5 以下

図 13.18　断面の異なる板の突合せ継手

13.5 ｜ 高力ボルト摩擦接合継手の施工

　高力ボルト摩擦接合継手の施工において留意しなければならないのは，摩擦面の素地調整とボルト軸力の管理である。また，高力ボルトは高い軸力を導入された状態で長期間維持されるため，時間とともに力が抜けていく現象，すなわち**リラクセーション**（relaxation）の影響を考慮して導入軸力を設定する必要がある。

13.5.1　摩擦接合面の処理

　摩擦接合面の処理については，ブラストによって黒皮（製鋼時に表面に形成される酸化皮膜）を除去した粗面状態とすれば，すべり係数 0.4 が確保できるとされている。しかし，工場でこのような処理を行っても，現場で接合を行うまでの間には接合面に浮き錆などが生じることが多いため，現場での接合前には接合面を清掃しなければならない。この作業を省略することなどを目的として，接合面に塗装が施されることも多い。その場合，塗膜の上からボルトを締め付けても所定のすべり係数が確保できることが必要となる。これを満たす塗料として無機ジンクリッチペイントが用いられている。ただし，膜厚が薄すぎるとすべり係数にばらつきが生じ，厚すぎるとボルトの軸力低下が大きくなる。そのため，各種基準類において適正な膜厚の範囲が規定されている。

13.5.2　ボルト軸力の管理

　ボルト軸力を管理する手法には，以下の方法がある。

　〔1〕　ト ル ク 法　　トルクが制御できる締付け機を使用し，ボルト軸力をトルクによって管理する手法である。ボルト軸力とトルクとの関係は，温度や継手の板厚などによっても変化するので，定期的に検定を行ってそれを確認する必要がある。また，リラクセーションの影響などを考慮して，導入ボルト軸力は設計ボルト軸力の 10 ％ 増しとすることを標準としている。

　〔2〕　ナット回転角法　　ボルト軸力をナットの回転量によって管理する方法である。接触面の肌すきがなくなる程度にトルクレンチで締め付けた状態，あるいは組立て用スパナで力いっぱい締めた状態（スナッグタイト）から，ナットを所定の角度だけ回転させる。ナットの回転角は，ボルト長が径の 5 倍以下の場合には 120±30°，それ以外では予備試験によって求めることとしている。遅れ破壊に対する配慮から，道路橋示方書や鉄道橋設計標準では，ナット回転角法が適用できるのは F8T のボルトに制限されている。

　〔3〕　耐 力 点 法　　トルクとナット回転量をモニターできる締付け機を用い，両者の関係が非線形となる時点まで締め付ける手法である。導入軸力の変

動が小さい利点があるが，導入軸力が高くなるので，耐遅れ破壊特性の良好な
ボルト材を用いなければならない。本州四国連絡橋で実績のある手法であるが，
最近はあまり用いられていない。

〔4〕 トルシアボルトの使用 　トルシアボルト（torque-shear bolt）は，
図 **13.19** に示すようにボルト軸部先端に
つかみ部があり，これをつかんで反力を
とった上でナットを回転させる。このつ
かみ部は，所定のトルクに達するとねじ
切れるように設計されているため，つかみ
部がねじ切れるまで締付けを行えばよい。
トルシアボルトに対しては日本道路協会

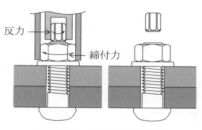

図 13.19 　トルシアボルト

や日本鋼構造協会で規格が示されており，F10T に相当するものとして S10T
が規定されている。比較的安定した導入軸力が得られることから，最近ではた
いへん使用機会が多いが，トルク法に類するものであるため，温度の影響など
を考慮し，所定の軸力が導入されることを定期的に確認する必要がある。

2017 年の道路橋示方書からは，SM570 または SBHS500 で製作される部材
のボルト継手に対し，従来よりも高強度のトルシアボルト S14T を使用できる
ようになった。ただし，遅れ破壊に対する配慮から，使用できる条件は厳しく
制限されている。

13.6 　接合方法の利点・欠点

溶接継手と高力ボルト継手の特徴をまとめておこう。
溶接継手の最大の利点は静的強度が高いことであり，特に完全溶込み溶接継
手の場合には，母材と同等の耐力を期待できる。曲面の接合などにも対応が容
易であり，継手形状の自由度が高い。ボルト孔を設ける手間が不要であり，ボ
ルト本体や連結板による重量増加がないことも利点である。また，凹凸の少な
い継手が実現できることから，景観的にも優れているとされる。

　一方，高力ボルト接合の最大の利点は施工の容易さである。溶接と異なり，高度な技能がなくても施工が可能である。また，溶接のような熱変形，残留応力，材質変化は生じないし，溶接欠陥が生じる心配もない。溶接継手に比較して疲労強度が高いことも大きな利点である。

　これらの得失により，管理が行き届くところでは溶接継手が，それが難しいところではボルト継手が適している。そのため，輸送可能な大きさのブロックまでは工場で溶接により組み立て，それを架設現場で接合する際にはボルト継手を用いる，というのが標準的な施工法である。

13.7 非 破 壊 検 査

　鋼部材において，最も欠陥が生じやすい箇所は溶接継手部である。そのため，部材製作後には，溶接部に有害な欠陥が生じていないかが検査される。想定する欠陥の種類に応じて，さまざまな**非破壊検査手法**（non-destructive testing, **NDT**）が用いられている[36]。

　溶接欠陥のうち，アンダーカットやビード形状の不整などは表面からの目視により検査できる。表面に現れる割れは，比較的大きなものは肉眼でも発見できるが，微小なものは検知が困難である。そのような微小な表面欠陥を検出するためには，**磁粉探傷試験**（magnetic particle testing, **MT**）や**浸透探傷試験**（penetrant testing, **PT**）が用いられる。

　磁粉探傷試験の手順を**図 13.20** に示す。電磁石を板表面に当てて鋼板内に磁場を作ると，欠陥がある場合にはそこで磁束が漏洩する。この状態で微細な鉄粉（蛍光磁粉）を吹きかけると，漏洩磁束に磁粉が集まる。これに紫外線を照

(a) 漏洩磁束　(b) 磁粉の噴射　(c) 紫外線照射

図 13.20　磁粉探傷試験

射すると，欠陥に沿って集まった磁粉が蛍光色を帯びるため，欠陥が認識できるようになる。

浸透探傷試験の手順を**図 13.21** に示す。これは欠陥内に染料を浸透させ，欠陥内に残った染料を表面において現像（着色）することによって欠陥を検知するものである。簡単な機材で実施することができるが，欠陥の検知能力は磁粉探傷試験より劣るといわれている。

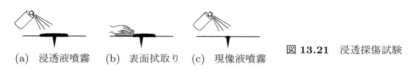

(a) 浸透液噴霧　(b) 表面拭取り　(c) 現像液噴霧　　**図 13.21**　浸透探傷試験

溶接内部に生じる欠陥は目視などによっては検出できないので，**超音波探傷試験**（ultrasonic testing，**UT**）や**放射線透過試験**（radiographic testing，**RT**）によって検査される。

超音波探傷試験は，鋼材内部に周波数が $2 \sim 10$ MHz 程度の弾性波を入射し，その反射波（エコー）によって欠陥を検知する手法である。超音波の入射は，**図 13.22** に示すように超音波探触子を鋼材表面に押し当てることで行う。超音波探触子は圧電素子を備えており，電圧を圧力に変えて超音波を入射する機能と，圧力を電圧に変換して超音波を受信する機能とを持っている。図 13.22 にあるように，板内になにも存在しなければ裏面からのエコーが観察されるだけであるが，欠陥がある場合にはそこからもエコーが返ってくるので，それにより欠陥を検知することができる。また，鋼中の超音波の音速はあらかじめ知ることができるので，エコーの到達時間に音速を乗じることにより欠陥の板厚方向の位置を知ることもできる。

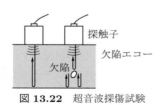

図 13.22　超音波探傷試験

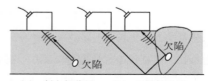

(a) 斜角探傷法　(b) 2 探触子法
図 13.23　さまざまな超音波探傷法

　図 13.22 に示すように，超音波を板の表面に対して垂直に入射する方法を垂直探傷法といい，**図 13.23** に示すように角度をつけて入射する方法を斜角探傷法という。また，超音波の送信と受信を一つの探触子で行う 1 探触子法，送信と受信の探触子を分ける 2 探触子法があり，目的に応じて使い分けられる。最近は多数の探触子を並べて超音波の入射角度を任意に制御し，高度なデータ処理を行うことで，高精度で効率的な探傷を行うアレイ探傷技術が開発されている。

　放射線透過試験は，いわば溶接継手のレントゲン写真をとるものである。

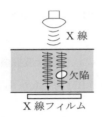

図 13.24　放射線透過試験

図 13.24 に示すように上方から放射線を照射し，板の下方に X 線フィルムを置いておくと，欠陥がある箇所を透過してきた放射線は減衰が小さいため，欠陥がないところよりもフィルム上に濃く写し込まれる。これによりブローホールなどの欠陥を検知することができる。ただし，欠陥の板厚方向の位置に関する情報は得られない。また，割れなどの面上欠陥は検出が困難な場合があることや，厚板には適用しにくいなどの制約もある。

13.8 ｜ 高 性 能 鋼 材

　ここまでに示したように，鋼には強度，じん性，溶接性などのさまざまな性能が求められる。従来鋼よりもこれらの性能を改善した鋼材が開発されており，それらを総称して高性能鋼と呼ぶ。

　高性能鋼のうちのいくつかは，**TMCP**（thermo-mechanical control process）という製鋼技術によって製作される。これは，鋼の熱間圧延時に，加熱温度，圧延温度，冷却プロセスなどを制御する技術である。図 13.4 の A_3 点直上で集中的に圧延することにより，フェライト粒やパーライト組織の微細化が図られるとともに，圧延後の加速冷却により一部焼き入れが施され，フェライト，パーライト，ベイナイト，マルテンサイトなどの割合を選択することで，所定の機械的性質とじん性を得ることができる。同一強度の通常鋼に比べて炭素当量を

低く抑えることが可能であり，溶接熱影響部の硬化が少なく，じん性の劣化も少ない溶接性に優れた鋼材となる。

　おもな高性能鋼の名称とその意味をいくつか列挙すると，以下のとおりとなる[20]。

(1) 降伏点一定鋼：表 3.1 に示したように，従来鋼では板厚が厚くなると降伏点が下がるが，これを板厚によらず一定とした鋼材。設計上の煩雑さを解消することができる。

(2) 狭降伏点レンジ鋼および低降伏点鋼：降伏点の上下限範囲を狭め，さらに降伏比が 80 % 以下になるように調整された鋼材で，おもに建築分野で用いられる。

(3) 極軟鋼：降伏点が低く（100 N/mm^2 前後），伸び能力に優れた鋼材で，エネルギー吸収部材などに用いられる。

(4) 高じん性鋼：じん性を高めた鋼材で，TMCP で製造される。冷間曲げ加工に対する制限を緩和することができる。

(5) 予熱低減鋼：P_{CM} を低くすることで溶接時の予熱温度の低減を可能とした鋼。

(6) 大入熱溶接対策鋼：大入熱溶接を行ってもじん性の低下が少ない鋼。

(7) ニッケル系高耐候性鋼：おもに Ni を多く添加し，SMA 材に比べて耐塩分特性を改善した鋼材である。従来の耐候性鋼の適用範囲外である飛来塩分量 0.05 mdd を超える地域への適用も試みられている。

演 習 問 題

〔13.1〕 鉄，鋼，鋳鉄の違いについて整理し，それぞれの特徴を調べよ。
〔13.2〕 本書で紹介した以外の溶接方法について調べよ。
〔13.3〕 近くの鋼構造物の溶接継手とボルト継手を観察せよ。
〔13.4〕 非破壊検査手法の種類と原理，適用範囲を整理せよ。

引用・参考文献

1) 日本鋼構造協会：土木構造物の性能設計ガイドライン, JSSC テクニカルレポート No.49, p.80 (2001)
2) 土木学会：鋼・合成構造標準示方書 設計編 (2016)
3) 鉄道総合技術研究所：鉄道構造物等設計標準・同解説 鋼・合成構造物 (2009)
4) 日本道路協会：道路橋示方書・同解説 I 共通編, II 鋼橋・鋼部材編 (2017)
5) 伊藤　學：改訂 鋼構造学, 土木系大学講義シリーズ 11, コロナ社 (2009)
6) 土木学会：座屈設計ガイドライン 改訂第 2 版, 鋼構造シリーズ 12, 丸善 (2005)
7) 青木徹彦, 福本琇士：鋼柱の座屈強度のばらつきにおよぼす残留応力分布の影響について, 土木学会論文報告集, No.201, pp.31–41 (1972)
8) 福本琇士, 伊藤義人：座屈実験データベースによる鋼柱の基準強度に関する実証的研究, 土木学会論文報告集, No.335, pp.59–68 (1983)
9) 倉西　茂：鋼構造, 技報堂出版 (1970)
10) C. G. Salmon, J. E. Johnson, F. A. Malhas：Steel Structures, Design and Behavior, Fifth Edition, pp.283–296 (2009)
11) 三上市蔵, 堂垣正博, 米沢　博：連続補剛板の非弾性圧縮座屈, 土木学会論文報告集, No.298, pp.17–30 (1980)
12) 小松定夫, 北田俊行：初期不整をもつ補剛された圧縮板の極限強度の実用的計算法, 土木学会論文集, No.302, pp.1–13 (1980)
13) 福本琇士：鋼骨組み構造物の極限強度の統一評価に関する総合的研究, 平成元年度科学研究費補助金（総合研究 A）研究成果報告書 (1990)
14) 土木学会：構造力学公式集（昭和 61 年版）, 丸善 (1986)
15) 高岡宣善：構造部材のねじり解析, 共立出版 (1975)
16) 溶接学会・日本溶接協会編：溶接・接合技術総論, 産報出版 (2016)
17) 井上一朗：建築鋼構造の理論と設計, 京都大学学術出版会 (2003)
18) 土木学会：高力ボルト摩擦接合継手の設計・施工・維持管理指針（案）, 鋼構造シリーズ 15, 丸善 (2006)
19) 日本道路協会：鋼道路橋塗装・防食便覧 (2005)
20) 日本鉄鋼連盟橋梁用鋼材研究会：高性能鋼の概要（橋梁向け）パンフレット (2008)
21) 鋼管杭協会：防食ハンドブック (1998)
22) 金澤　武, 飯田國廣：溶接継手の強度, 溶接全書 17, 産報出版 (1996)
23) 土木学会：鋼橋の疲労対策技術, 鋼構造シリーズ 22, 丸善 (2013)

24) 日本鋼構造協会：鋼構造物の疲労設計指針・同解説, 技報堂出版 (2012)

25) 森　猛, 猪俣俊哉, 平山繁幸：グラインダ仕上げ方法が面外ガセット溶接継手の疲労強度に及ぼす影響, 鋼構造論文集, Vol.11, No.42 (2004)

26) 山田健太郎, 舘石和雄：鋼橋の維持管理　コロナ社 (2015)

27) 遠藤達雄, 安住弘幸：簡明にされたレインフローアルゴリズム「P/V 差法」について, 材料, Vol.30, No.328 (1981)

28) 日本鉄鋼連盟パンフレット：鉄ができるまで

29) 西澤泰二, 佐久間健人：金属組織写真集 鉄鋼材料編, 日本金属学会 (1979)

30) 百合岡信孝, 大北　茂：鉄鋼材料の溶接, 溶接・接合選書 10, 産報出版 (1998)

31) 伊藤慶典, 別所　清：高張力鋼の溶接割れ感受性指示数について, 溶接学会誌, Vol.37, No.9 (1968)

32) 伊藤慶典, 別所　清：高張力鋼の溶接割れ感受性指数について（第 2 報）, 溶接学会誌, Vol.38, No.10 (1969)

33) 佐藤邦彦, 上田幸雄, 藤本二男：溶接変形・残留応力, 溶接全書 3, 産報出版 (1979)

34) 日本鋼構造協会：既設鋼橋部材の耐力・耐久性診断と補修・補強に関する資料集, JSSC テクニカルレポート No.51 (2002)

35) 日本鋼構造協会：溶接開先標準 (2005)

36) 日本鋼構造協会：鋼橋の疲労耐久性向上・長寿命化技術, JSSC テクニカルレポート No.71 (2006)

演習問題解答

3 章

〔**3.1**〕 公称ひずみでは

$$\varepsilon_{n,0\to1} = (l_1 - l_0)/l_0, \quad \varepsilon_{n,1\to2} = (l_2 - l_1)/l_1, \quad \varepsilon_{n,0\to2} = (l_2 - l_0)/l_0$$

であるから，$\varepsilon_{n,0\to1} + \varepsilon_{n,1\to2} \neq \varepsilon_{n,0\to2}$ となる。真ひずみでは

$$\varepsilon_{t,0\to1} = \ln l_1 - \ln l_0, \quad \varepsilon_{t,1\to2} = \ln l_2 - \ln l_1, \quad \varepsilon_{t,0\to2} = \ln l_2 - \ln l_0$$

であるから，$\varepsilon_{t,0\to1} + \varepsilon_{t,1\to2} = \varepsilon_{t,0\to2}$ となり，真ひずみには加算性があることがわかる。

〔**3.2**〕 公称ひずみでは $\varepsilon_{n,l_0\to2l_0} = 1$，$\varepsilon_{n,l_0\to l_0/2} = -0.5$ となる。真ひずみでは $\varepsilon_{t,l_0\to2l_0} = \ln 2$，$\varepsilon_{t,l_0\to l_0/2} = -\ln 2$ となる。公称応力では長さを 2 倍にしたときと半分にしたときとでひずみの絶対値が異なるが，真ひずみではそのようなことは生じない。そのため，公称ひずみを用いると，ひずみの大きな領域において引張時と圧縮時とで応力-ひずみ関係の対称性が大きく崩れて見える可能性もある。

〔**3.3**〕 略

〔**3.4**〕 $\sqrt{\sigma_x^2 + \sigma_y^2 - \sigma_x\sigma_y + 3\tau_{xy}^2} = \sigma_Y$ に値を代入して，$\sigma_x = 284$ N/mm^2 が得られる。

4 章

〔**4.1**〕 $A_g = 2\,000$ mm^2，$A_n = 1\,500$ mm^2 である。$f_{uk} = 490$ N/mm^2，$f_{ud} = f_{uk}/\gamma_m = 490/1.25 = 392$ N/mm^2 であるので，引張強度に基づく設計引張耐力は，式 (4.1) 第 1 式より $1\,500 \times 392/1.0 = 588$ kN となる。一方，$f_{yk} = 365$ N/mm^2，$f_{yd} = f_{yk}/\gamma_m = 365/1.0 = 365$ N/mm^2 であるので，降伏強度に基づく設計引張耐力は，式 (4.1) 第 2 式より $2\,000 \times 365/1.0 = 730$ kN となる。小さいほうの 588 kN が設計引張耐力となる。

〔**4.2**〕 $f_{yd} = 365/1.05 = 347$ N/mm^2 なので，式 (4.3) より $1\,500 \times 347/1.05 = 495$ kN が得られる。

〔**4.3**〕 表 2.3 より $\xi_1 = 0.90$，$\xi_2 = 1.00$，$\Phi_R = 0.85$，表 3.1 より $f_{yk} = 365$ N/mm^2 であるので，引張応力度の制限値は式 (4.4) より $0.90 \times 1.00 \times 0.85 \times 365 = 279$ N/mm^2 となる。一方，純断面の応力度は $400 \times 10^3/1\,500 = 267$ N/mm^2 である。よって設計照査は満足される。

5 章

〔**5.1**〕 $x = 0$，$x = l$ で $w = 0$ および $dw/dx = 0$ より連立方程式を立て，その係

数行列式がゼロになる条件を使うと，$\sin \alpha l/2 = 0$ または $\alpha l = 2n\pi$（$n = 1, 2, 3, \cdots$）となり，弾性座屈荷重は $P_{cr} = 4\dfrac{\pi^2 EI_y}{l^2}$ となる。

〔**5.2**〕 $f_{yk} = 315 \text{ N/mm}^2$ である。幅厚比パラメータは，座屈係数を 4 として

$$R = \frac{1}{\pi}\sqrt{\frac{12(1 - 0.3^2)}{4}}\sqrt{\frac{315}{2 \times 10^5}}\frac{1\,000}{25} = 0.835$$

となる。これを表 5.6 に示した式に代入すると

$$\frac{\sigma_{cr}}{\sigma_Y} = \begin{cases} \left(\dfrac{0.7}{R}\right)^{0.86} = 0.859 & \text{（土木学会標準示方書）} \\ \dfrac{0.49}{R^2} = 0.703 & \text{（鉄道橋設計標準）} \end{cases}$$

が得られる。よって座屈耐力の特性値は次式となる。

$$N_{cr} = \begin{cases} 0.859 \times 315/1.0 \times 1\,000 \times 25 = 6\,760 \text{ kN} & \text{（土木学会標準示方書）} \\ 0.703 \times 315/1.05 \times 1\,000 \times 25 = 5\,270 \text{ kN} & \text{（鉄道橋設計標準）} \end{cases}$$

〔**5.3**〕 $f_{yd} = f_{yk}/\gamma_m = 315/1.0 = 315 \text{ N/mm}^2$ である。前問より板の設計局部座屈強度は $\sigma_u = 0.859 f_{yd}$，板 1 枚当りの断面積 $A_{fc} = 25\,000 \text{ mm}^2$，総断面積 $A_g = 102\,500 \text{ mm}^2$ なので，Q ファクターは $Q_c = \dfrac{\sum(\sigma_u A_{fc})}{A_g f_{yd}} = \dfrac{4 \times (0.859 \times 315 \times 25\,000)}{102\,500 \times 315}$ $= 0.838$ となる。細長比は $\lambda = 71.7$，細長比パラメータは $\overline{\lambda} = \dfrac{\lambda}{\pi}\sqrt{\dfrac{Q_c f_{yk}}{E}} = 0.829$，さらに $\beta = 1 + \alpha(\overline{\lambda} - \overline{\lambda}_0) + \overline{\lambda}^2 = 1.74$ である。以上より，設計軸方向圧縮耐力は次式となる。

$$N_{rd} = \frac{A_g Q_c f_{yd}}{\gamma_b}\frac{\beta - \sqrt{\beta^2 - 4\overline{\lambda}^2}}{2\overline{\lambda}^2} = 22\,800 \text{ kN}$$

〔**5.4**〕 $f_{yd} = f_{yk}/\gamma_m = 315/1.05 = 300 \text{ N/mm}^2$ であり，問題〔5.2〕より ρ_l は 0.703 である。細長比パラメータは $\overline{\lambda} = \dfrac{\lambda}{\pi}\sqrt{\dfrac{f_{yk}}{E}} = 0.905$ である。以上より，設計軸方向圧縮耐力は次式となる。

$$N_{rd} = \frac{A_g \rho_l f_{yd}}{\gamma_b}\{1.0 - 0.53(\overline{\lambda} - 0.1)\} = 11\,200 \text{ kN}$$

▌6 章

〔**6.1**〕 $u = \varphi = 0$ であるから，式 (6.5) より $\tau_{xy} = -G\omega z$，$\tau_{xz} = G\omega y$ である。サン-ブナンのねじり剛性は表 6.1 より $GJ = \pi d^4 G/32$ であるから，$\omega = \dfrac{M_t}{GJ} = \dfrac{32M_t}{G\pi d^4}$ となる。以上より，$\tau_{xy} = -\dfrac{32M_t}{\pi d^4}z$，$\tau_{xz} = \dfrac{32M_t}{\pi d^4}y$ が得られる。

〔**6.2**〕 板厚 t, 板幅 h とすると, 開断面では式 (6.12) より $GJ = G\dfrac{4}{3}ht^3$, 閉断面では表 6.1 より $GJ = G\dfrac{4F^2}{\displaystyle\oint \frac{ds}{t}} = G\dfrac{4h^4}{\frac{4h}{t}} = Gth^3$ となり, 閉断面と開断面のねじり剛

性の比は $\dfrac{3}{4}\left(\dfrac{h}{t}\right)^2$ である。$h = 300$ mm, $t = 10$ mm を代入すると 675 となる。

〔**6.3**〕 フランジ幅, ウェブ高をそれぞれ b, h とする。上フランジに対して, 右端を原点とし, 板厚中心線に沿って s 軸をとる。$r(s) = h/2$ だから, 上フランジのそり関数 φ は

$$\varphi(s) = \varphi_0 - \int_0^s \frac{h}{2}ds = \varphi_0 - \frac{h}{2}s$$

である。ウェブとフランジの交点 ($s = b/2$) でのそりは一致していなければならず, それが 0 であるので, $\varphi_0 = bh/4$ となり, そり関数は $\varphi(s) = \dfrac{h}{2}\left(\dfrac{b}{2} - s\right)$ となる。値を代入して, $\varphi(s) = 100(100 - s)$ 〔mm^2〕が得られる。下フランジのそり関数も同様に求められる。なお, この断面の場合, 問題のようにウェブのそり関数を 0 とおくと, 式 (6.24) に示した条件が満足される。

〔**6.4**〕 フランジ幅, フランジ厚, ウェブ高をそれぞれ b, t_f, h とすると, 表 6.2 または式 (6.33) と前問の解より $C_w = h^2b^3t_f/24$ となる。式 (6.12) より $J = (2bt_f^3 + ht_w^3)/3$ である。また, 式 (6.37) を式 (6.35) に代入して求めた θ と, 前問でのそり関数を用いて式 (6.25), (6.27) を計算すると, 固定端 $x = 0$ では

$$\sigma^* = E\frac{h\lambda M_t}{2GJ}\left(\frac{b}{2} - s\right)\tanh\lambda l, \quad \tau^* = E\frac{hM_t}{4EC_w}(b-s)s$$

となる。以上の式に値を代入すると, $GJ = 15.3$ kN·m^2, $EC_w = 26.6$ kN·m^4, $\lambda = 0.759$ m^{-1} となる。単純ねじりによるせん断応力の最大値は, 式 (6.13) より $\tau_{max} = 5.0$ N/mm^2 である。そりによる直応力の最大値はフランジ端部に生じ, 上式に $s = 0$ を代入して $\sigma_{max}^* = 8.97$ N/mm^2 である。そりによる二次せん断応力の最大値はフランジの中央に生じ, $s = b/2$ を代入して $\tau_{max}^* = 0.38$ N/mm^2 である。

7 章

〔**7.1**〕 $f_{yk} = 365$ N/mm^2, $f_{yd} = 365/1.0 = 365$ N/mm^2 である。コンパクト, ノンコンパクト断面の最大幅厚比は, ウェブに対して 88.9, 98.3, フランジに対して 8.6, 10.5 である。与えられた断面のウェブ, フランジの幅厚比はそれぞれ 66.7, 9.6 だから, フランジがコンパクト断面の規定を満足せず, ノンコンパクト断面となる。よって降伏モーメントが曲げ耐力になり, $M_n = 628$ kN·m となる。

〔**7.2**〕 $GJ = 21.4$ kN·m^2, $EC_w = 240$ kN·m^4, $I_y = 1.33 \times 10^7$ mm^4 である。

弾性横ねじれ座屈耐力は，式 (7.9) より $M_E = 2\,010$ kN·m となる。

〔**7.3**〕 細長比パラメータ $\bar{\lambda}_b = \sqrt{M_n/M_E} = 0.56$ であり，$\bar{\lambda}_{b0} = 0.4$ より大きい。式 (7.18) に従って計算すると，$\beta_b = 1.35$，$M_{rd} = 551$ kN·m が得られる。

〔**7.4**〕 せん断流理論で計算すると，$\tau_A = \tau_D = 0$，$\tau_B = \tau_C = 41$ N/mm^2，$\tau_{\max} = 54$ N/mm^2 となる。せん断力をウェブの断面積で除した平均せん断応力は 50 N/mm^2 である。

〔**7.5**〕 点 A で切断し，板厚中心に沿って s 軸をとると，$q_A = \dfrac{V_y h b t_f}{4 I_z}$ となり，せん断応力はつぎのようになる。

$$
\tau(s) = \frac{V_y h}{2 I_z} \times
\begin{cases}
\dfrac{b t_f}{2 t_w} + \dfrac{s(h-s)}{h} & \text{板 AB，点 A が原点} \\[2mm]
\dfrac{b}{2} - s & \text{板 BC，点 B が原点} \\[2mm]
-\dfrac{b t_f}{2 t_w} - \dfrac{s(h-s)}{h} & \text{板 CD，点 C が原点} \\[2mm]
-\dfrac{b}{2} + s & \text{板 DA，点 D が原点}
\end{cases}
$$

〔**7.6**〕 $a \leqq 970$ mm

8 章

〔**8.1**〕 $N_{rd} = 3\,430$ kN であり，〔7.3〕より $M_{rd} = 551$ kN·m である。したがって，$\gamma_i \left(\dfrac{N_{sd}}{N_{rd}} + \dfrac{M_{sd}}{M_{rd}} \right) = 0.94 < 1.0$ となる。

〔**8.2**〕 $N_E = 29\,200$ kN，$\alpha = 1 - \dfrac{N_{sd}}{N_E} = 0.99$ であり，$\gamma_i \left(\dfrac{N_{sd}}{N_{rd}} + \dfrac{M_{sd}}{\alpha M_{rd}} \right) = 0.95 < 1.0$ となる。

〔**8.3**〕 $V_{rd} = 1\,130$ kN であり，$\gamma_i^2 \left\{ \left(\dfrac{N_{sd}}{N_{rd}} + \dfrac{M_{sd}}{M_{rd}} \right)^2 + \left(\dfrac{V_{sd}}{V_{rd}} \right)^2 \right\} = 1.16 < 1.21$ となる。

9 章

〔**9.1**〕 $f_{vyd} = (365/\sqrt{3})/1.05 = 200$ N/mm^2，$a = 6/\sqrt{2} = 4.24$ mm，よって設計引張耐力は $200 \times 4.24 \times 80 \times 2/1.05 = 129$ kN となる。

〔**9.2**〕 $f_{yd} = 365/1.05 = 347$ N/mm^2 であるので，$347 \times 10 \times 80/1.05 = 264$ kN となる。

〔**9.3**〕 $f_{vyd} = (245/\sqrt{3})/1.05 = 134$ N/mm^2 であり，展開断面の断面積は 5\,358 mm^2，断面係数は 4.755×10^5 mm^3 である。設計引張耐力 P_{rd} は $134 \times 5\,358/1.05 = 683$ kN，設計曲げ耐力 M_{rd} は $134 \times 4.755 \times 10^5/1.05 = 60$ kN·m となる。

$$\gamma_i \left(\frac{P_{sd}}{P_{rd}} + \frac{M_{sd}}{M_{rd}} \right) = 1.2 \left(\frac{100}{683} + \frac{40}{60} \right) = 0.98 < 1.0$$

〔**9.4**〕 $f_{vyd} = 134$ N/mm^2, $A_w = 2\,120$ mm^2 であり，設計せん断耐力は $134 \times 2\,120/1.05 = 271$ kN である。式 (9.3) に代入すると

$$1.2^2 \left\{ \left(\frac{100}{683} + \frac{40}{60} \right)^2 + \left(\frac{100}{271} \right)^2 \right\} = 1.15 > 1.0$$

となる。

10 章

〔**10.1**〕 ボルト 1 本，1 摩擦面当りの設計すべり耐力は $P_k/\gamma_m = 82/1.05 = 78$ kN である。これとボルト本数（10），摩擦面数（2），部材係数（1.1）より，継手全体の設計すべり耐力は $78 \times 10 \times 2/1.1 = 1\,410$ kN となる。

〔**10.2**〕 $f_{yd} = 365/1.05 = 347$ N/mm^2 である。母板の純断面積は $12 \times \{450 - 5 \times (22 + 3)\} = 3\,900$ mm^2 であり，設計引張耐力は $347 \times 3\,900/1.1 = 1\,230$ kN である。連結板の純断面積は $8 \times 2 \times \{400 - 5 \times (22 + 3)\} = 4\,400$ mm^2 であり，設計引張耐力は $347 \times 4\,400/1.1 = 1\,390$ kN である。

〔**10.3**〕 ［すべり耐力の照査］最外列ボルト群の設計すべり耐力は $78 \times 2 \times 2/1.1 = 283$ kN であり，曲げによって最外列ボルトに作用する力は 227 kN。$1.2 \times 227/283 = 0.96$ である。［母板の照査］母板の設計曲げ耐力は 127 kN·m。$1.2 \times 95/127 = 0.89$ である。［連結板の照査］連結板の設計曲げ耐力は 134 kN·m である。以上より，いずれも照査式を満たす。

12 章

〔**12.1**〕 非仕上げでは E 等級なので，$N = 2 \times 10^6 \times 80^3/120^3 = 5.9 \times 10^5$ 回となる。

〔**12.2**〕 仕上げると D 等級なので，$N = 2 \times 10^6 \times 100^3/120^3 = 11.5 \times 10^5$ 回となる。

〔**12.3**〕 E 等級の変動応力振幅に対する打切り限界である 29 N/mm^2 以上の応力範囲の 3 乗平均値をとることにより，等価応力範囲 $\Delta\sigma_{eq}$ は 39.2 N/mm^2 となる。100 年間に繰り返される 29 N/mm^2 以上の応力範囲の繰返し回数は 1.35×10^7 回であり，それに対応する E 等級の応力範囲 $\Delta\sigma_a$ は 42.3 N/mm^2 である。$\Delta\sigma_{eq} < \Delta\sigma_a$ なので疲労照査を満足する。

〔**12.4**〕 E 等級の変動応力振幅に対する打切り限界である 29 N/mm^2 以上の応力範囲について，100 年間の疲労損傷比を計算すると，応力範囲 30, 40, 50, 60 N/mm^2 に対してそれぞれ 0.192, 0.228, 0.223, 0.154 となり，その和，すなわち累積疲労損傷比は 0.797 となる。これは 1.0 よりも小さいので，疲労照査を満足する。

索　引

―― 著 者 略 歴 ――

1986年　東京工業大学工学部土木工学科卒業
1988年　東京工業大学総合理工学研究科修士課程修了（社会開発工学専攻）
1988年　東日本旅客鉄道株式会社勤務
1990年　東京工業大学助手
1994年　博士（工学）（東京工業大学）
1995年　東京工業大学講師
1997年　東京工業大学助教授
1997年　東京大学助教授
2000年　名古屋大学助教授
2003年　名古屋大学教授
　　　　現在に至る

鋼構造学（改訂版）
Steel Structures (Revised Edition)　　　　　　　　　　　　Ⓒ Kazuo Tateishi 2011

2011 年 9 月 26 日　初版第 1 刷発行
2020 年 9 月 20 日　初版第 4 刷発行（改訂版）
2022 年 3 月 10 日　初版第 5 刷発行（改訂版）

検印省略	著　者	舘石　和雄
	発 行 者	株式会社　コ ロ ナ 社
		代 表 者　牛 来 真 也
	印 刷 所	三 美 印 刷 株 式 会 社
	製 本 所	有限会社　愛 千 製 本 所

112–0011　東京都文京区千石 4–46–10
発 行 所　株式会社　コ ロ ナ 社
CORONA PUBLISHING CO., LTD.
Tokyo Japan
振替 00140-8-14844・電話(03)3941-3131(代)
ホームページ　https://www.coronasha.co.jp

ISBN 978–4–339–05618–1　C3351　Printed in Japan　　　　　　　（森岡）